复杂地质环境遥感影像
智能解译理论与方法

陈伟涛　田　甜　李显巨　等著

湖北省自然资源科研项目"矿区地质环境遥感

智能解译与示范应用"（ZRZY2021KJ04）

国家自然科学基金面上项目"基于多模态深度学习

的遥感影像场景分类方法研究"（42071339）

资助出版

科 学 出 版 社

北 京

内 容 简 介

复杂地质环境主要体现在景观类型复杂、地形地貌复杂、地质背景复杂等方面。复杂地质环境遥感影像智能解译对地理国情监测、灾害调查与监测及军事战场环境分析与作战等均具有重要的意义。本书首先介绍复杂地质环境场景的遥感影像特征、遥感影像分类尤其是遥感影像场景分类的相关研究基础及遥感影像场景数据集，然后结合注意力、多尺度、深度学习、度量学习等理论与技术分别对不同类型的复杂地质环境遥感影像智能解译展开研究。本书通过对理论、方法、模型、数据、实验的详细描述与分析，充分介绍当前复杂地质环境遥感影像智能解译中的各种新理论与新方法。

本书可供地球科学、遥感科学、数学与信息科学、军事科学等研究人员使用，也可作为相关专业高年级本科生、研究生的教学参考用书。

图书在版编目（CIP）数据

复杂地质环境遥感影像智能解译理论与方法/陈伟涛等著. —北京: 科学出版社，2021.12
ISBN 978-7-03-070917-2

Ⅰ.① 复⋯　Ⅱ.① 陈⋯　Ⅲ.① 复杂地层-环境遥感-遥感图像-图像处理　Ⅳ.① P627

中国版本图书馆 CIP 数据核字（2021）第 260912 号

责任编辑：杨光华/责任校对：高　嵘
责任印制：彭　超/封面设计：苏　波

科 学 出 版 社 出版
北京东黄城根北街 16 号
邮政编码：100717
http://www.sciencep.com

武汉中科兴业印务有限公司印刷
科学出版社发行　各地新华书店经销
*
开本：787×1092　1/16
2021 年 12 月第 一 版　印张：8 1/2
2021 年 12 月第一次印刷　字数：210 000
定价：**68.00** 元
（如有印装质量问题，我社负责调换）

前　言

20 世纪 60 年代卫星遥感科学与技术的出现，为人类观测与认知地球表层环境提供了全新的视角。21 世纪初，随着高分辨率卫星遥感技术的快速发展，人们能够从更加精细的尺度去开展对地观测研究。随着人工智能技术与计算能力的飞速发展，遥感研究群体也试图从以先验知识和统计学为核心的遥感信息解译方法，向以人工智能技术为核心的遥感智能解译研究范式迈进，期望更好地满足不同行业对遥感应用能力和工业化的需求。

高分辨率遥感影像中，单个像素的信息量不足以解释特定区域内具有明确物理意义的地质环境对象，而遥感场景是一种更大、更新的研究影像特征和信息的尺度。遥感影像场景分类是遥感影像信息理解的重要方式之一。在深度学习技术的驱动下，出现了一批遥感影像场景数据集，极大地推动了遥感影像场景分类的研究。然而，由于地质环境景观类型、地形地貌、地质背景的复杂性，这些研究数据、理论与方法从学科领域、研究对象和模型构建来看，都无法完全体现地质环境的复杂性和系统性。复杂地质环境遥感影像智能解译不仅可以应用于地理国情监测、灾害调查与监测等民用领域，也可以用于军事战场环境构建与辅助作战行动，为战略通道与作战方向选定、全地形野外通行能力评估、地质环境抗爆抗打击能力评估等方面提供辅助决策依据。

在上述背景下，作者撰写了本书。首先，介绍复杂地质环境遥感影像场景的特征，总结面向遥感影像智能解译的深度学习理论，并制作典型复杂地质环境遥感影像场景数据集；然后，构建多元深度学习遥感影像智能解译模型，并在公开数据集和团队创建的数据集上分析研究其性能，详细介绍领域内的最新理论与方法。

本书第 1 章由陈伟涛执笔，童伟、李玲玲协助整理；第 2 章由陈伟涛、田甜执笔，童伟、李玲玲、张静炎协助整理；第 3 章由陈伟涛、欧阳淑冰执笔，田甜、童伟、李玲玲协助整理；第 4～6 章由陈伟涛、田甜执笔，李玲玲、张静炎协助整理；第 7～8 章由陈伟涛、李显巨执笔，童伟、张静炎协助整理；第 9 章由陈伟涛、李显巨执笔，刘灼越、周高典协助整理；第 10 章由陈伟涛、欧阳淑冰执笔，张静炎协助整理；书中实验部分由陈伟涛、田甜、李显巨设计，欧阳淑冰、童伟、李玲玲、刘灼越协助整理。全书统稿工作由陈伟涛、田甜、李显巨主持完成。

由于地质环境的多元性、系统性和复杂性，以及作者水平、知识范围和认知能力有限，书中难免会存在疏漏之处，恳请专家、同行和读者指正。

作　者

2021 年 8 月

目　　录

第1章 复杂地质环境遥感影像场景分类概述

1.1 遥感影像场景概念

遥感是以非接触的方式获取物体表面信息的一种信息获取技术。随着科技的发展，遥感已经从最初的可见光和近红外拓展到微波、红外、热红外等波段。特别地，我国近年来发展了以"资源三号"系列和"天绘"系列为代表的立体测绘卫星，使对地观测卫星数据源更加丰富。这些多模态的遥感数据，能够使研究者获取几何、纹理、光谱、数字地形模型、散射系数等多模态的数据产品，大大提升了遥感技术在民用和军用领域的应用能力。

随之而来的是，遥感卫星技术的高速发展使遥感影像的数量正在急剧增加，庞大数量的遥感影像所蕴含的有效信息也越来越丰富，如何充分挖掘并利用这些有效信息一直是遥感影像分析领域的重要研究内容。遥感影像除了在传统的地质调查、国土资源等部门有所应用，土地利用和土地覆被分类、灾害监测、环境监测和城市规划等领域也有着重要成果（胡凡，2017；Zhu et al.，2016；Chen et al.，2014；Martha et al.，2011）。随着遥感技术的飞速发展，高分辨率遥感影像的可获取能力越来越强，应用程度越来越高（Mishra et al.，2014；Phinn et al.，2012）。与中低分辨率遥感影像相比，高分辨率遥感影像地物目标的几何空间特性更加复杂，结构纹理等信息更为精细，为地物的精准解译提供了基础数据支撑。然而，随着遥感影像空间分辨率的提高，影像中出现了地物结构多变的情况，使得"同物异谱、同谱异物"的现象更加显著。这导致地物类别愈加难以区分，给高分辨率遥感影像的精确解译带来极大挑战。经过十几年的研究发展，从像素级影像分类到对象级影像分类的过渡已经基本完成，但是在高分辨率遥感影像中的语义挖掘还远远没有结束，研究人员致力于挖掘更高层次的语义信息（Chen et al.，2014）。

在高分辨率遥感影像中，单个像素的意义不大，特别是其分类结果的信息量不足以解释特定区域内具有明确意义的对象。地物影像特征通常由不同的形态、结构及纹理信息组成，通过不同的组合和空间排列形式，可以形成不一样的场景语义类别。比如"商业区"场景，通常由建筑、植被、道路等要素组成，这些地物以一定的空间布局和排列方式构成了商业区，但是同样的地物根据某种特定的语义关系也可以组成居民区等其他类别。多种简单地物混合而成的高层场景语义信息在高分辨率遥感影像上得到了清晰的展现，相同的地物类别通过不同的空间语义关系可以组成不同的高层场景类别。

为了更好地解释高分辨率遥感影像，需要考虑更大尺寸的影像块或子影像的特征，并考虑背景信息来做出综合判断。从这个角度出发，有必要定义一种新的研究影像特征的尺度。因此，遥感影像场景是一种具有特定空间尺寸的影像块，在综合考虑该影像块上下文信息和特定信息的情况下，为其指定明确语义。

然而由于影像的底层特征到高层语义信息之间存在语义鸿沟，手工设计方法中的地物特征分类难以有效地理解重要区域的场景语义（朱祺琪，2018），深度学习中传统的卷积神经网络同样也没有特定的网络结构来理解多尺度地物复杂排列所构成的语义关系。

1.2 遥感影像场景分类概念及难点分析

1.2.1 概念

对遥感影像进行高精度的自动分类是遥感影像智能解译技术的基础，也是实现遥感对地观测技术大规模高效应用的前提。由于遥感影像的像素只能包含较低层次的地物信息，随着遥感影像分辨率的不断提高，传统“面向像素”和“面向对象”的分类方法不能对遥感影像高层次语义内容进行描述，无法满足高层次内容的解译需求（胡凡，2017）。为了应对这一问题，结合更大解译单元内的上下文信息进行“面向场景”的遥感影像分类，是当前实现高分辨率遥感影像语义内容解译的重要手段，也是研究热点之一（Chen et al.，2014）。

遥感影像场景分类是对给定的遥感影像根据主要地物内容来判断影像场景的类别，并根据高层次的场景信息对影像标签分类，是一种有效解析并得到高层次语义信息的遥感影像技术，也是高分辨率遥感影像分类领域近年来的一个重点研究方向。遥感影像场景分类在日常生活的各个方面都发挥着重要作用，例如在自然灾害监测（Martha et al.，2011）、土地使用和土地覆盖（Zhu et al.，2016）、植被制图（Mishra et al.，2014）及环境监测和城市规划（Phinn et al.，2012）等领域都具有很高的实际应用价值。

1.2.2 难点分析

与“面向对象”和“面向像素”的分类任务不同，遥感影像场景中地物目标空间分布复杂并且形式多样，相同的场景类别可能由不同的地物目标构成，而相同的地物目标基于不同的空间分布可以构成不同的场景类别（朱祺琪，2018）。例如商业区、住宅区和工业区都包含建筑物、树木和道路等相同的地物目标，这些地物目标的空间分布都各不相同。此外遥感影像场景中地物目标还存在复杂的背景干扰，这些因素使得高分辨率遥感影像场景分类成为一项极具挑战性的任务。

目前遥感影像场景分类的主流方向是特征提取和语义分类两个方面，由于特征提取在遥感影像场景到语义类别的映射过程中起着更加重要的作用，受到了学界更多的关注和研究（Cheng et al.，2017）。传统的场景特征提取方法十分依赖人工设计的底层特征，特征描述能力不足，限制了分类的性能。后来发展的决策树、支持向量机、随机森林等方法对底层特征进行再编码，在分类效果上取得较大的改善，但这些算法不能针对遥感影像本质特征而设计，泛化能力差，在对场景的描述上仍然存在很大的局限性。遥感影像数据与自然影像相比具有多样性和复杂性的特点，因此需要利用数据驱动型的算法来对遥感影像场景进行准确分类。

近年来随着深度学习技术的快速发展，卷积神经网络较传统方法能更好地提取最本质的数据特征，并且泛化能力强，大大地提高了遥感影像场景分类的准确率，成为遥感影像场景分类的主流方法（Nogueira et al.，2017）。然而，尽管深度学习技术能够有效地提升特征提取的能力，其提取到的特征非常依赖网络模型的设计。遥感影像场景中复杂的地物分布和成像差异使得场景之间存在类内多样性和类间相似性的问题，制约了遥感影像场景分类精度的进一步提升。同时随着遥感影像分辨率升高和影像数量增加，网络模型在处理这些数据时对计算资源的需求也越来越大，在实际应用中难以推广。

1.3　复杂地质环境遥感影像场景特征及应用

当前，遥感影像场景分类研究程度较低。特别是在深度学习技术的驱动下，出现了一批遥感影像场景数据集，这些数据集极大推动了基于深度学习的遥感影像场景分类研究，涌现了一批研究性成果。然而，当前基于深度学习的遥感影像场景分类研究主要聚焦于两个方面：一是构建公开的数据集，这些数据集的图像块语义整体较为简单，无论从学科领域还是从研究对象来看，都无法体现地球表层的复杂性和系统性，导致当前的研究成果无法满足行业发展需求；二是对公开遥感影像场景数据集的算法测试，这些算法大多是从特征提取的角度，基于深度卷积网络不断发展的。但是，由于缺乏多类型的复杂地质环境遥感影像场景数据集，这些面向公开数据集的遥感影像场景分类模型的泛化能力较低，同样无法满足区域尺度遥感影像场景分类的实际需求。

复杂地质环境遥感影像场景应该具备三个特征：一是景观类型复杂，例如城市环境景观、矿区景观、山区景观等；二是地形地貌复杂，如山区遥感影像场景、地形切割强烈的地表多要素场景等；三是地质背景复杂，例如面向特定领域应用的对遥感影像解译专业要求极高的岩土体类型遥感影像场景等。面向上述复杂地质环境遥感影像特征的场景分类方法研究，称为复杂地质环境遥感影像场景分类。

显然，复杂地质环境遥感影像场景分类研究的意义不仅局限于模型的算法精度，其分类结果不仅可以用于地理国情监测、灾害调查与监测等民用领域，也可以用于军事战场环境构建与辅助作战行动中。特别地，在军事活动中，复杂地质环境遥感场景分类可以为战略通道选择、作战方向选定、作战目标确定、全地形野外通行能力评估、地质环境抗爆抗打击能力评估等方面提供辅助决策依据。

1.4 国内外研究进展

场景分类的基本假设是同一类的场景应该具有一定的整体视觉统计特征（Oliva et al.，2001），这一点在自然场景中得到验证并对遥感影像场景分类有很好的指导作用。因此，大多数关于遥感影像场景分类的工作集中在提取并识别这样的整体视觉特征。根据特征的种类可以将遥感影像场景分类方法分为三种：基于底层特征提取的遥感影像场景分类方法、基于中层特征提取的遥感影像场景分类方法和基于深度学习的遥感影像场景分类方法。

1.4.1 基于底层特征提取的遥感影像场景分类方法

传统遥感影像场景分类方法主要依靠人工设计的底层视觉特征，这些特征一般依靠遥感领域专家结合高分辨率遥感影像解译知识和待分类场景的先验知识进行精心设计，大致可以分为颜色直方图特征、结构特征和纹理特征三类。颜色直方图特征考虑的是影像的颜色信息，不关心影像本身尺寸和方向变化，但受光照变化和局部偏差影响较大。许多学者将颜色直方图特征应用到遥感影像场景分类中，例如 Aptoula 等（2013）利用颜色空间编码的方法改善了遥感影像场景分类，van de Sande 等（2009）采用了色相、饱和度、明度（hue saturation value，HSV）颜色直方图来描述遥感影像场景信息。而结构特征和纹理特征主要描述的是影像的空间信息，其中尺度不变特征变换被广泛应用于描述遥感影像复杂的结构特征，主要对场景影像中结构的局部变化进行建模，对影像的尺度和旋转变化鲁棒性较高。常见的纹理特征包括灰度共生矩阵、局部二值模式和基于形状的纹理不变指数等。一般学者会将以上的基本特征进行组合用来改善分类效果。例如 Yang 等（2010）采用尺度不变特征和 Gabor 纹理特征并通过金字塔视觉词袋模型实现了场景分类。程刚等（2011）将结构特征和纹理特征相结合用于遥感影像场景分类。

总的来看，基于底层特征提取的方法描述的是影像底层次的特征，该方法可以在一定程度上提高遥感影像场景特征的表达能力和分类性能，但非常依赖人工设计的局部特征提取，本质上也是一些底层特征的整合，并没有上升到高层语义信息，仍然跨越不了底层特征和语义场景类别之间的"语义鸿沟"（刘艳飞，2019）。所以该类方法只能在具有统一结构和空间分布的场景上取得良好的表现，但当遥感影像场景非均匀或多样性强时，该类方法的分类效果并不理想，这也是人工设计特征和编码方法共同面临的局限性。

1.4.2 基于中层特征提取的遥感影像场景分类方法

中层特征提取是在底层特征的基础上对特征进行再编码和组合。该类方法先从遥感影像中获取局部低级特征，然后将低级特征向中层特征进行映射，最后将获取到的中层特征表达用于遥感影像场景分类。目前此类方法主要分为三种：基于视觉词袋模型的场景分类方法、基于特征编码的场景分类方法和基于主题模型的场景分类方法。

视觉词袋（bag of visual words，BoVW）模型最开始应用在文本处理（Blei et al.，2003），词袋模型算法主要思想是先用尺寸不变特征变换（scale invariant feature transform，SIFT）等描述符来描述影像的局部特征，然后运用聚类算法将影像局部特征进行聚类生成词典，最后统计词典中单词的频率来表示影像的词袋特征。很多学者将词袋模型应用到遥感影像场景分类中，将遥感影像看作文本信息，挖掘遥感影像中视觉单词的词频来进行特征表达。原始词袋模型只统计了相关单词的词频，忽略了其空间关系，然而视觉单词的空间分布关系例如共生关系对遥感影像场景分类至关重要，因此该类方法的分类效果并不理想。后续学者在此基础上提出了一系列改进方法，例如 Zhao 等（2014）在词袋模型的基础上提出一种小波分解模型去结合空间信息和纹理信息。

基于视觉词袋模型的遥感影像场景分类方法会丢失一些信息，在此基础上专家们提出了基于特征编码的场景分类方法（Fan et al.，2017），主要分为特征提取、构建字典、特征编码、池化和分类 5 步。由于遥感影像场景的复杂性，使用局部的底层特征不能很好地描述场景信息。因此此类方法一般使用聚类算法得到一个聚类中心，实现底层特征向中层特征的转换，即特征编码。常用的特征编码方法包括基于梯度的编码（Zhao et al.，2016）和基于距离的编码（Cheriyadat，2013）。

基于特征编码的遥感影像场景分类方法往往会出现特征向量维度过高的问题。针对该问题，基于主题模型的场景分类方法从影像的字典中挖掘少量重要的主题，大大降低了特征的维度。当前主流的主题特征方法主要包括概率潜在语义分析（probabilistic latent semantic analysis，PLSA）和隐含狄利克雷分布（latent Dirichlet allocation，LDA）。例如 Zhong 等（2015a）采用 PLSA 模型以多特征融合的方式进行了场景分类，取得了比单个特征更好的效果。Zhong 等（2015b）使用多特征融合策略将 PLSA 模型和 LDA 模型进行了比较，结果表明 LDA 表现出略好的分类性能。根据特征构造的方式不同，该方法又分为两种类型：①单特征主题模型，主要是用简单的底层特征如颜色、纹理等来表示视觉单词（Zhu et al.，2018a；Văduva et al.，2012；Xu et al.，2012）；②多特征主题模型，一般结合多个特征进行特征表述，比单特征更有表达能力，应用也更广泛（Zhong et al.，2015a，2015b；Luo et al.，2013）。

总的来看，基于中层特征提取的遥感影像场景分类方法通过引入中层特征缩小了底层视觉特征和高层语义之间的差距，在分类效果上有一定的改善，但该方法仍然涉及遥感影像底层特征的设计和提取的过程，特征设计的优劣对最后分类的效果有决定性的影响，此外该方法并不灵活，对复杂场景的区分能力有限。

1.4.3　基于深度学习的遥感影像场景分类方法

近年来，深度学习（Hinton et al.，2006a）由于其良好的生物学基础、层次化的抽象特征表达能力，在诸多计算机视觉任务中取得巨大的成功（Krizhevsky et al.，2012），受到学术界和工业界的广泛关注。尤其是 Hilton 等（2006a）在深度学习上取得突破之后，可训练的多层深度神经网络逐渐取代了各种人工直接设计的方法，成为特征提取的通用架构（Lecun et al.，2015）。在遥感影像解译领域，深度学习技术也引起了相关学者的注意，并得到广泛应用。相比基于底层特征提取和中层特征提取的方法，深度学习方法能更好地提取遥感影像的高层语义信息，并获得较传统方法惊人的性能提升。目前用于遥感影像场景分类的深度学习方法主要分为栈式自动编码器（Hinton et al.，2006b）、深度置信网络（Hinton et al.，2006a）和卷积神经网络（Penatti et al.，2015）三大类。栈式自动编码器和深度置信网络需要将影像特征转换为一维向量，这样会丢失影像的二维空间信息，而卷积神经网络将影像看作二维矩阵，比起前两种方法更能保持影像的空间和结构信息。卷积神经网络主要是通过非线性映射来提取高维、抽象的特征信息。根据卷积神经网络训练的方式，可以将基于卷积神经网络的遥感影像场景分类方法分为两大类。

（1）将卷积神经网络当作特征提取器或者直接在数据集上进行预训练微调。这种方法采用的是已有的神经网络模型并且对模型的改动较少。一方面利用卷积神经网络强大的特征提取能力，将已经训练好的模型作为特征提取器用于遥感影像场景分类。例如龚希等（2019）将视觉词袋模型和神经网络模型结合来提取影像全局和局部的深度特征，并将这些特征进行了重组编码融合，利用支持向量机进行分类，最后取得了不错的分类结果。Hu 等（2015a）将卷积层特征作为局部特征描述子并结合其他特征编码方法生成最终的特征表示。另一方面利用迁移学习技术在自然影像数据集如ImageNet 中预训练得到一种深度网络结构，然后将该网络在遥感影像数据集上进行微调训练得到分类结果。例如 Cheng 等（2018）利用 AlexNet 和 VGGNet 在遥感影像数据集上进行微调并取得了不错的分类效果。然而预训练的方法依赖已有的网络结构，不能针对遥感影像的特点进行变动，网络结构不够灵活。

（2）对网络模型的损失函数或者结构进行再设计。该方法主要是针对遥感影像场景分类数据集特点对模型进行改造。例如 Chen 等（2016）根据遥感影像的特点设计了一种新的全卷积网络（A-ConvNets），该网络没有使用全连接层，只使用系数连接层来减少参数量。Zhang 等（2016b）利用梯度提升理论聚合多个神经网络模型，并且使用权值共享减少了网络参数量。Cheng 等（2018）在传统交叉熵损失函数的基础上引入深度度量学习提高特征的可区分性。设计新的深度网络结构或损失函数需要在遥感影像场景分类数据集上进行大量训练，由于现有的公开遥感影像场景分类数据集最多包含几万张影像，通常只有规模较小的网络能够很好地拟合数据集，而小型网络的泛化能力通常低于大型网络，模型在实际场景分类应用中受到了限制。

总的来看，基于深度学习的遥感影像场景分类方法是一种以数据为驱动的算法模型，能够省掉烦琐低效的人工特征设计和提取过程。深度学习方法能提升特征表达能力，然而影像特征描述与场景语义类别之间的"语义鸿沟"问题仍然没有得到完全解决，主要表现为：首先地物目标尺度多变导致提取特征的尺度鲁棒性不足及背景复杂导致提取的特征大部分是冗余特征；其次遥感影像场景存在类内差异大和类间差异小的问题，给进一步提高遥感影像场景分类精度带来了很大的挑战。

针对特征提取尺度鲁棒性不足的问题，一系列多尺度特征融合的遥感影像场景分类方法被相继提出，主要分为两类方法。一类是从数据出发，人为地增加样本的多尺度信息，例如 Zhong 等（2016）从影像中预先采样多个尺度的影像样本输入卷积神经网络完成分类任务。这种直接对样本进行处理的方法通常采样的尺度和位置有限，无法充分考虑遥感影像场景中复杂多变的地物目标，最终的分类效果并不理想。另一类是从模型出发，通过改进模型结构来提取不同尺度的特征信息并将多尺度信息融合用于场景分类。例如 Xu 等（2016）利用卷积神经网络提取多尺度特征并使用支持向量机完成分类。Liu 等（2018）提出一种多尺度卷积神经网络框架（multiscale convolutional neural network，MCNN）用于遥感影像场景分类。不同于以往训练固定大小图片的方法，MCNN 框架包括两个分支：一个是尺度固定的分支，另一个是尺度变化的分支，可以同时训练不同尺度的影像。Guan 等（2018）提出了一种新的多尺度特征融合框架（multi-scale feature fusion framework，MSFFF），第一次结合多尺度特征和多尺度影像样本，并将从不同层次提取到的分层特征进行融合用于遥感影像场景分类。针对特征冗余问题，一些基于注意力机制的方法被相继提出。注意力机制可以简单地认为对影像中不同区域或者句子中的不同部分赋予不同的权重，从而找到感兴趣的区域并抑制不感兴趣的区域。注意力机制可以快速准确地获取影像关键特征信息，大体上可以分为空间注意力机制、通道注意力机制及两种相结合的机制，分别从空间或者通道维度上捕获上下文依赖关系，以提高特征表达能力。如 Zhang 等（2019）提出了基于注意力集中的密集连接卷积网络（densely connected convolutional networks，DenseNet），将空间注意力机制应用于池化层，主要提供了一种可训练的池化方法，以便对特征图进行下采样并增强局部语义表现能力，最后引入多层次的监督策略进行监督训练。这些工作都在一定程度上改善了遥感影像场景分类效果，但这些方法往往是根据整块显著性区域采样，没有深入特征通道领域，并且模型参数量大，将模型嵌入原网络容易引起过拟合现象，因此需要用更有效的注意力机制来提取影像特征。压缩和激励（squeeze and excitation，SE）模块是一个轻量级的通道注意力模块，可以在网络训练阶段根据全局信息自动学习不同特征通道的重要程度，并根据重要程度选择对分类有效的特征，抑制干扰特征。针对遥感影像场景类内差异大、类间差异小这一问题，已有相关学者展开了研究（Cheng et al.，2018；Gong et al.，2017），例如 Cheng 等（2018）将深度度量学习方法应用于遥感影像场景分类，该方法先计算同类样本对和不同类样本对之间的距离，然后使用正则化项使同类样本对之间的距离小于非同类样本对之间的距离，在减少类内差异的同时最大程度地提高类间特征的可分性。然而这些方法往往需要构建两种样本对，当数据量增加时，样本对的数量也呈指数级的增加，并且选择样本对也变得非常困难。

此外卷积神经网络模型的训练除了要求很多的数据，对计算资源的要求也很高，尤其当模型结构复杂时对计算资源的消耗是十分巨大的，这也是限制网络模型大众化应用的瓶颈。如何在计算资源有限的情况下，研究高效的分类方法，使其合理分配利用资源达到最优的分类效果，已成为遥感影像场景分类任务中的热点问题之一。

第2章 遥感影像智能分类理论与关键问题

2.1 相 关 理 论

2.1.1 卷积神经网络理论

基本的卷积神经网络（convolutional neural network，CNN）主要由卷积层（convolution layer）、池化层（pooling layer）和全连接层（fully connected layers）三种网络层组成，如图 2.1 所示。在场景影像分类任务中，一般会在最后加一个分类层，用来得到分类预测结果。

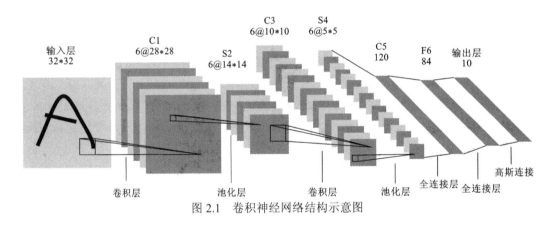

图 2.1 卷积神经网络结构示意图

1. 卷积层

卷积层是卷积神经网络的核心组成部分之一，通过使用卷积核对输入的影像矩阵数据做卷积操作，从不同角度、位置提取数据特征。卷积核通常是一个尺寸较小的矩阵，会沿着输入矩阵有规律地进行滑动，并对卷积核所覆盖的"感受野"数据做卷积操作，图 2.2 显示的就是卷积操作的过程。如果输入的是一个 RGB 图像，则可表示为一个三维矩阵，三个维度分别为图像高度、图像宽度和图像通道数；如果使用多个卷积核，则一个卷积核同样也有三个维度，即卷积核高度、卷积核宽度、卷积核通道数。当输入数据有多个通道时，则会有多个滤波器，也就是一个通道对应一个滤波器，一个滤波器中可有多个卷积核，也可以理解成滤波器就是卷积核的集合。卷积核滑动的步数称为步长，卷积核和步长的大小确定了卷积层输出矩阵的维度大小，卷积核的个数则确定了输出矩阵的深度。假设输入矩阵大小为 $W \times W$，卷积核大小为 $k \times k$，则输出矩阵的大小 $T \times T$ 可以通过如式（2.1）得到：

$$T = \frac{W - k + 2P}{S} + 1 \qquad (2.1)$$

式中：P 为卷积核滑动到输入矩阵边缘处进行填充的填充宽度；S 为卷积核滑动的步长。

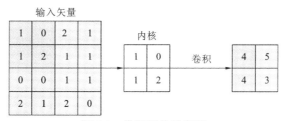

图 2.2　卷积操作示意图

卷积层最大的特点就是局部感受野和权值共享，大大降低了神经网络的计算参数，使运算变得简单高效。局部感受野体现在神经元的系数连接，图像内的信息是局部相关的，神经元通过感受局部的信息特征，并在更高层将不同的局部神经元进行整合就能得到图像全部信息，还能减少神经元连接的数目。权值共享是指不同神经元之间的参数共享，即对输入图像使用同样的卷积核进行卷积操作。这种方式使卷积核能检测到处于图像不同位置但完全相同的特征，使用多个卷积核则会得到多种特征映射，提升了运算效率。

2. 池化层

池化层在卷积神经网络中起到下采样的作用，能降低计算矩阵维度，减少模型参数数量，同时增强特征的鲁棒性。当输入图像有平移、旋转或尺度变化等少量特征变化时，池化能够帮助提取到的输入图像的特征近似不变，使模型更加关注特征的存在与否，而不是特征具体所在的位置及呈现方式，这对分类任务有极大的帮助，但对于一些本身对像素位置要求很高的任务而言，如图像分割，池化操作会使图像的分辨率降低，从而影响预测结果。

池化操作主要有 L2 池化、平均池化和最大池化。L2 池化是取一个区域的均方值作为池化后的值，如图 2.3 所示。平均池化是以一个区域的平均值作为该区域池化后的值，如图 2.4 所示。最大池化则是以该区域内的极大值作为池化后的值，如图 2.5 所示。

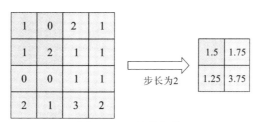

图 2.3　L2 池化操作

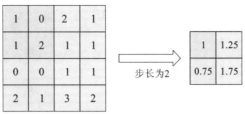

图 2.4　平均池化操作

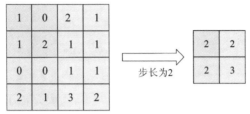

图 2.5　最大池化操作

图像像素值范围内的较大值代表了图像内的边缘特征，最大池化则尽量保留这些边缘的纹理信息；平均池化则是求当前区域所有元素的平均值，该区域内的所有信息均对最终结果有贡献，同时求平均值会使特征差异减小，因此平均池化能较好地保存图像的背景信息。

3. 全连接层

全连接层一般位于卷积神经网络的末端部分，可以是一层或多层，是卷积层和池化层到分类层的过渡网络层。卷积层和池化层均采取局部连接的方式，提取的是图像的高级语义特征，而全连接层的相邻网络层的所有神经元都相互连接，它的作用是将之前步骤提取到的特征进行整合。全连接层如图 2.6 所示，设输入数据为 X，经过全连接层输出 Y，其计算公式为

$$\begin{cases} H = WX + b \\ Y = f(H) \end{cases} \tag{2.2}$$

式中：W 为权重矩阵；b 为偏置项；H 为经过线性变换的隐层向量；f 为非线性激活函数。

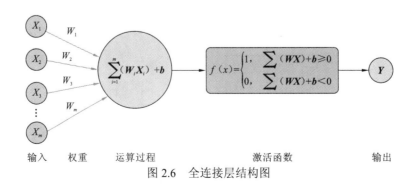

图 2.6　全连接层结构图

卷积神经网络中的全连接层实际上就是卷积核大小为前一层特征大小的卷积运算。假设最后一个卷积层的输出数据大小为 $7 \times 7 \times 512$，则连接此卷积层的全连接层为 $1 \times 1 \times 4\,096$，相当于共有 $4\,096$ 组图像算子，每组图像算子含有 512 个卷积核，卷积核大小为 7×7。

4. 分类层

分类层则一般位于全连接层的后边，完成最终的分类任务，卷积神经网络中最重要、最常用的分类器是 Softmax 分类器。而 Softmax 分类器的基础前提是 logistic 回归，logistic 回归一般情况下是用于解决二分类的分类回归算法，如果一共有 m 个样本 $\{(x_1, y_1)(x_2, y_2), \cdots, (x_m, y_m)\}, x_i \in \mathbf{R}^n, y_i \in \{0,1\}$，则 logistic 函数为

$$y(x_i) = \frac{1}{1 + \mathrm{e}^{-(W^\mathrm{T} x_i + b)}} \tag{2.3}$$

若将 y 视为样本 x_i 属于正样本的概率，则 $1-y$ 就是其属于负样本的概率，模型的损失函数为式（2.4），它也是交叉熵损失函数，通过最小化损失函数来训练参数。

$$J(W, b) = -\frac{1}{m} \sum_{i=1}^{m} y_i \log_2 y(x_i) + (1 - y_i) \log_2 [1 - y(x_i)] \tag{2.4}$$

Softmax 则是 logistic 回归的一个推广，其可以用于二分类也可以用于多分类。为了不失一般性，在面对多分类问题的时候仍然是设有 m 个训练样本 $\{(x_1, y_1)(x_2, y_2), \cdots, (x_m, y_m)\}, x_i \in \mathbf{R}^n, y_i \in \{0, 1, \cdots, K\}$，以任意一个训练样本 x 为例，Softmax 函数如式（2.5）所示，也就是 Softmax 函数会计算出当前输入向量属于每个类别的概率，其中概率值最大的那个类别作为最终的预测类别 y_{pred}，损失函数通常选择交叉熵损失函数，如式（2.5）所示。

$$p(y = i \mid X, W, b) = \mathrm{Softmax}(WX + b) = \frac{\mathrm{e}^{W_i X} + b_i}{\sum_j W_j X + b_j} \tag{2.5}$$

$$y_{\mathrm{pred}} = \arg\max p(y = i \mid X, W, b) \tag{2.6}$$

$$J(W, b) = -\sum_{i=1}^{m} \ln[p(y = y_i \mid X_i, W, b)] \tag{2.7}$$

5. 激活函数

激活函数一般用于卷积层和全连接层进行非线性变换。无论是卷积操作还是全连接层，神经元之间的计算均是线性变换，单纯增加线性变换会导致网络本身的复杂性难以提升变化。激活函数的目的就是使神经网络实现非线性变换，理论上，通过在深度神经网络的网络层中加入一些非线性激活函数可以使网络拟合任何非线性变化，因此激活函数也是深度学习的一大核心。

目前激活函数通常使用 Sigmoid、Tanh、ReLU 函数等，计算公式分别如下。

Sigmoid 函数：

$$f(x) = \frac{1}{1 + e^{-x}} \qquad (2.8)$$

Tanh 函数：

$$f(x) = \frac{e^x - e^{-x}}{e^x + e^{-x}} \qquad (2.9)$$

ReLU 函数：

$$f(x) = \max(0, x) \qquad (2.10)$$

Sigmoid 函数图像如图 2.7（a）所示，即 Sigmoid 函数把输出值的范围压缩到 [0, 1]。由于 Sigmoid 函数的输出值范围在[0, 1]，可以用在二分类问题中，将输出的值作为预测概率。同时 Sigmoid 函数平滑，不会出现跳跃值和不可导的情况。当输入数据的绝对值大于 5 时，无论输入数据是多少，通过 Sigmoid 函数之后，均会被压缩到 1 或 0。Sigmoid 函数的导数图像[图 2.7（b）]表明，当输入数据的绝对值大于 5 时，梯度值几乎为 0，并且随着输入数据绝对值的增加，梯度值将无限接近于 0，即梯度消失，使得网络误差无法传递回前一层，网络参数也无法进行更新。同时，由于 Sigmoid 函数输出值恒为正，这种以非 0 为中心的激活函数会导致模型训练速度变慢。

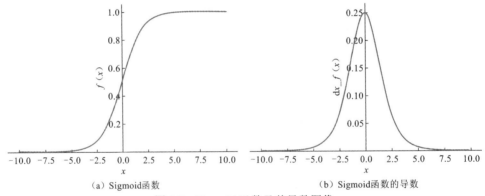

（a）Sigmoid函数 　　　　　　　　　　（b）Sigmoid函数的导数

图 2.7　Sigmoid 函数及其导数图像

tanh 函数图像及其导数图像如图 2.8 所示。tanh 函数与 Sigmoid 函数相比，解决了 Sigmoid 函数以非 0 为中心的问题，尽管模型收敛速度加快，但仍会出现梯度消失等问题。

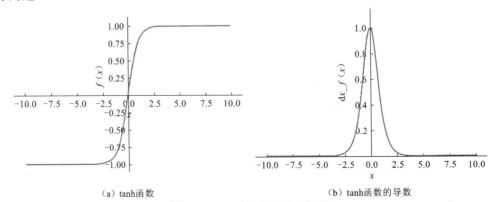

（a）tanh函数 　　　　　　　　　　（b）tanh函数的导数

图 2.8　tanh 函数及其导数图像

而 ReLU 函数解决了"梯度消失、饱和"问题，于 2010 年被引入神经网络，现已成为深度神经网络中较常见的激活函数。如图 2.9（a）所示，ReLU 函数表达式是一个分段函数，当自变量小于 0 时，函数值为 0；当自变量大于或等于 0 时，函数值为本身。图 2.9（b）为 ReLU 函数的导数图像。ReLU 函数的输入值为负数时，其梯度值等于 0；当输入值为正数时，梯度值一直等于 1，这在一定程度上减小了梯度饱和效应的影响。从计算量上看，ReLU 不需要做指数运算，与 Sigmoid 函数和 tanh 函数相比，计算量大大减小，同时对网络进行了稀疏表达。

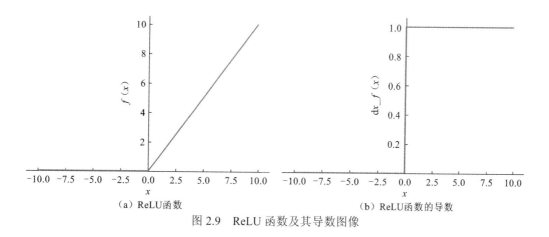

（a）ReLU 函数　　　　　　　　　（b）ReLU 函数的导数

图 2.9　ReLU 函数及其导数图像

2.1.2　主流卷积神经网络

1. AlexNet

AlexNet 是由 Krizhevsky 等在 2012 年提出的，在当年 ImageNet 图像分类比赛中取得了绝对性优势的第一名。正因为如此，卷积神经网络乃至深度学习才能再次引起广泛关注，AlexNet 在神经网络时代具有跨时代的意义。在最初的遥感影像场景分类深度学习中被广泛使用，但是由于网络层数较少，对复杂的遥感影像场景数据集的识别能力有限（Cheng et al.，2017）。

如图 2.10 所示，AlexNet 分为上下两部分共有 8 层。其上下两部分网络的结构相似，即可分别对应两个 GPU，这样设置的目的就是可以通过两个 GPU 并行计算来提升运算速度。网络包含的卷积层和全连接层的数量分别为 5 层和 3 层，该网络每层的操作如下。

（1）第 1 层卷积层：首先，输入数据为 224×224×3 的图像，卷积核尺寸为 11×11×3，卷积核个数为 96，步长为 4，卷积操作后得到大小为 55×55×96 的特征图；接着，使用 ReLU 函数进行非线性激活；然后，在 3×3 区域内用步长为 2 进行重叠池化；最后，进行局部响应归一化（local response normalized），最终输出数据大小为 27×27×96。

（2）第 2 层卷积层与第 1 层卷积层相同，最终输出数据大小为 13×13×256。

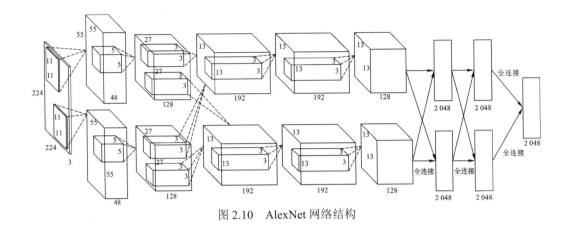

图 2.10　AlexNet 网络结构

（3）第 3 层和第 4 层卷积层经过卷积和 ReLU，不包含池化层和归一化，最后输出数据大小为 13×13×384。

（4）第 5 层卷积层经过卷积、ReLU、池化层，不包含归一化，最后输出数据大小为 6×6×256。

（5）第 6、7 层均为全连接层，组成操作相同，包含 4 096 个卷积核，并引入了 dropout 功能，经过 ReLU 激活，最后输出数据大小为 4 096×1。

（6）第 8 层全连接层包含 1 000 个神经元，最后输出 1 000 种分类概率。

2. VGGNet

VGGNet（Simonyan et al.，2014）由牛津大学和谷歌公司于 2014 年合作提出，网络结构如图 2.11 所示，整个网络也是由卷积层和全连接层叠加组成，可以看作 AlexNet 的加深版。与 AlexNet 不同的是，VGGNet 中所有卷积层使用的卷积核尺寸基本上都

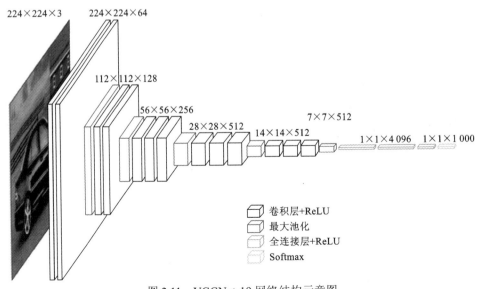

图 2.11　VGGNet-19 网络结构示意图

为 3×3；同时，VGGNet 加深了网络层数，一般含有 16～19 层。在研究卷积神经网络深度对大规模图像识别影响的实验中，证明了 16～19 层的网络深度能取得较好的识别精度，在遥感影像场景分类中也被广泛使用和用作基准网络（Cheng et al.，2017）。

3. ResNet

ResNet 由何凯明团队于 2016 年提出（He et al.，2016），在当年的 ImageNet 比赛的分类任务中获得冠军。该研究表明随着网络深度的增加，特征的层次越来越高，网络层的深度会极大影响模型性能。但是在深度网络的训练过程中会出现梯度爆炸等问题，导致无法训练和收敛。ResNet 为了能训练更深层次的网络，其中最关键的是设计了残差模块，如图 2.12 所示。

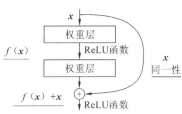

图 2.12　ResNet 残差模块示意图

当 $y=x$ 的网络层叠加在浅层网络上时，可以让网络深度增加而不退化。ResNet 将为每个输入层提供一个映射，并学习形成残差函数 $f(x)=H(x)-x$，如果 $f(x)=0$，那么就形成了恒等映射。ResNet 使用这种"短连接"的连接方法，通过绕过多层权重层将输入数据连接到输出，放大其中变化的特征，有利于深层模型的权重学习且不引入附加的参数和计算复杂度。在遥感影像场景分类中由于其网络简单高效，一般被当作主干网络预训练或者用于进一步改进。

4. GoogleNet

GoogleNet 是一种基于 Inception 模块的深层卷积神经网络。一般来说，可以通过增加网络的深度和宽度来提高网络性能，但容易导致网络参数太多，当训练样本有限时，很容易出现网络过拟合的情况；并且网络层数越大、相关参数越多，其计算的复杂度也就越大，在实际应用中运用困难。研究者认为解决问题的关键是将全连接和卷积进行稀疏连接化，使神经网络的深度和宽度不断增加的同时还要减少参数。基于此提出了 Inception 模块，将多个卷积或池化操作横向连接来获得更多的尺度特征，即在同一卷积层中使用 1×1、3×3、5×5 的卷积核和 3×3 的最大池化。如图 2.13 所示：（a）图中是将上一层的特征图通过上述 4 种结构进行处理，最后将每个分支输出的特征图进行拼接得到一个整体的特征图；（b）图与（a）图相比多了三个 1×1 的卷积核，主要是起到降维的作用。GoogleNet 一般应用在遥感影像场景分类中，由于网络层数较多且网络复杂度较大，分类的效果一般（Cheng，2017）。

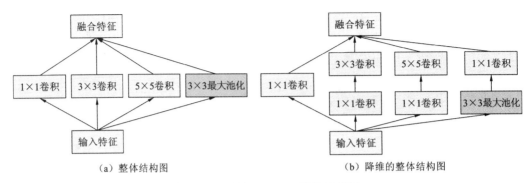

（a）整体结构图　　　　　　　　　（b）降维的整体结构图

图 2.13　两种 Inception 结构示意图

5. DenseNet

DenseNet 是指密集连接神经网络，是由 Huang 等（2017b）提出的新型网络结构，它摆脱了传统加深网络层数和加宽网络结构的定向思维来提升网络性能。该网络是对残差神经网络 ResNet 的改进，ResNet 使用跳跃连接的方式来加深网络结构，但只使用了上一层的输入作为特征补充，并没有完全使用先前层的特征信息。为了最大化利用特征信息，DenseNet 采用密集连接的方式将之前所有层的特征输出当作当前层的输入，具体计算公式为

$$x_l = H_l([x_0, x_1, \cdots, x_{l-1}]) \tag{2.11}$$

式中：$x_0, x_1, \cdots, x_{l-1}$ 为当前层的输入，也是之前所有层的特征输出；x_l 为当前层的输出；H_l 为复合函数，主要由批量归一化（batch normalization）、ReLU 激活函数、3×3 卷积和 dropout 4 种操作组成，其中批量归一化是指对网络中任意一层的输入进行归一化处理，在训练中起到缩短收敛时间及提升模型精度的作用。ReLU 激活函数具有分段特性，当网络中神经元的输出小于 0 时，ReLU 激活函数会把输出值设为 0，有利于减少网络中的参数使模型具有稀疏性，避免产生过拟合现象。dropout 指在模型训练过程中将神经元按照一定概率随机弃置，有利于缓解过拟合问题。

跟常规卷积神经网络组成一样，DenseNet 也是通过卷积、池化、ReLU 激活函数及全连接层堆叠而成，具体结构如图 2.14 所示。不同之处是 DenseNet 包含两种特殊模块，分别是密集块（dense block）和过渡层（transition layer）。密集块是 DenseNet 的基础组成部分，该结构主要通过式（2.7）中复合函数 H_l 的密集连接建立起来，观察图 2.14 可以发现，密集连接就是网络中从前面任意层到后续层的连接。DenseNet 利用密集块来充分利用各网络层中的特征信息并且没有新增大量参数，在加强信息流传输的同时提升了网络模型的整体性能。过渡层穿插在密集块之间，主要由 5 个部分组成，分别是批量归一化、ReLU 激活函数、卷积层、dropout 和池化层。过渡层的主要作用是减少密集块输出特征图的通道数量，并统一每个密集块中特征图的大小。通常过渡层会把通道数减少一半并利用该层的输出作为下一个密集块的输入，这样有利于降低模型的复杂度，提升网络训练速度。

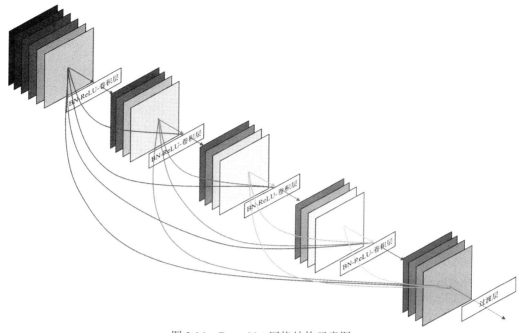

图 2.14　DenseNet 网络结构示意图

2.2　精度评价方法

本书所使用的精度评价标准包括总体精度（overall accuracy，OA）、混淆矩阵、Kappa 系数、F1-Score 4 个指标，用于衡量模型的优劣，具体到每一个类别，还对每一个类别的精确率（precision）、召回率（recall）和 F1-Measure 进行分析，希望能从多角度全方位地对模型进行评价衡量。

总体精度是指被正确分类的图像总数除以测试集中的总数，可以说明在预测实际图像方面的分类性能。在混淆矩阵中，每列表示预测的类别，每行表示类数据的实际类别。因此，混淆矩阵可以直接显示每个类的分布情况，也可以用来简单分析不同类别之间的误判。为了减少随机性对可靠结果的影响，通过将数据集随机按比例划分并重复实验10次，以10次重复的总精度的平均值和标准差作为最终结果。

如表 2.1 所示，混淆矩阵中 TP 是正样本正确分类，TN 则是负样本正确分类。反之则是两种错分的情况，其中 FP 是负样本分类为正，FN 则表示将正样本分类为负。

表 2.1　混淆矩阵示例

项目	正类	负类	总和
正类	TP	FN	TP+FN
负类	FP	TN	FP+TN
总和	TP+FP	FN+TN	TP+FN+FP+TN

本书主要使用总体精度、混淆矩阵和热力图三项指标来评估所提出模型的效果。总体精度可以直观反映数据集总体分类情况，是最常用的评价指标之一，具体计算公式为

$$总体精度 = \frac{测试数据集中正确分类的样本数量}{所有测试样本数量} \tag{2.12}$$

混淆矩阵又称为误差矩阵，主要是通过统计每种类别的测试图像的详细分类情况，并以方阵的形式在表中展示。混淆矩阵可以显示详细的分类结果及错误的分类情况，是总体准确性的补充评估工具。在混淆矩阵中，设 (i, j) 是矩阵中的坐标，当 $i = j$ 时，对应矩阵中的值表示第 i 个类别被正确分类的概率，当 $i \neq j$ 时，(i, j) 坐标对应的值表示第 j 类被误分为第 i 类的概率。

类激活映射图（class activation map，CAM）（Gao et al.，2016）是一种生成热力图的可视化技术，可以用于表示神经网络对图像哪些区域的激活值最大，即图像中哪一区域对分类帮助最大。算法主要思想是：首先 Softmax 分类器输出的最大概率值对应的就是分类类别；接着网络从该类别对应的节点出发进行反向传播，对最后一层卷积层求梯度；然后对每张特征图求均值；最后取出最后一层卷积层的激活值与前面特征图的均值进行相乘，根据乘积生成一幅热力图，与原图进行叠加。

计算量指浮点运算（floating point operations，FLOPs）次数，用来评估网络模型所消耗的计算资源，与输入图片的大小和模型的复杂度有关，是评估网络模型复杂度的重要指标之一。

Kappa 系数计算公式为

$$k = \frac{p_{\text{o}} - p_{\text{e}}}{1 - p_{\text{e}}} \tag{2.13}$$

式中：p_{o} 为分类正确的样本数除以总样本数；p_{e} 为混淆矩阵中每一行的和乘于每一列的和然后再将其相加除以样本总数的平方。

精确率的计算公式为

$$\text{precision} = \frac{\text{TP}}{\text{TP+FP}} \tag{2.14}$$

精确率计算的是在所有被检索到的 item(TP+FP) 中，应该被检索到的 item(TP) 所占的比例。

召回率的计算公式为

$$\text{recall} = \frac{\text{TP}}{\text{FP+FN}} \tag{2.15}$$

召回率计算的是所有检索到的 item(TP) 占所有应该被检索到的 item(FP+FN) 的比例。

F1-Measure 的计算公式为

$$\text{F1-Measure} = \frac{2 \times \text{percision} \times \text{recall}}{\text{percision} + \text{recall}} \tag{2.16}$$

F1-Measure 是 precision 和 recall 加权调和平均，是模型泛化能力的重要体现。

2.3　遥感影像智能分类关键问题

当前，遥感影像智能分类主要面临两大类关键问题：一是如何提高特征提取能力和利用效率；二是如何提取出起到主要作用的关键性特征和全局性特征。

目前，常用的遥感影像场景分类方法主要使用预训练的卷积神经网络提取深层的影像特征后再处理或者训练以得到整张影像的特征表示，提取和利用特征的效率不高（Gao et al.，2016；He et al.，2016；Srivastava et al.，2015）。然而遥感场景影像通常包含不同尺度的多个地物类别，并且还需要构造这些多尺度地物之间的联系，形成高层次语义信息（Cheng et al.，2018；Xia et al.，2017；Yang et al.，2010）。网球场场景影像包含不同尺度的网球场、草坪和道路，这些地物的综合语义关系构成了网球场类别。类似的，高速公路场景影像包含高速公路、草地和河流的不同尺度部分，其高层次语义关系构成了高速公路类别。因此，如何提取多尺度的不同地物的特征，并有效建立地物特征之间的联系是一个重要问题（Tong et al.，2020）。

影像特征对判断场景类别的重要性有所不同（Hu et al.，2018b）。其一，在这两个类别的场景影像中网球场和高速公路的地物特征对场景分类起主要作用，而草坪和汽车的特征则起次要辅助作用。而传统的卷积神经网络模型一般对所有的影像特征一视同仁，难以抓住关键性特征。其二，遥感影像场景分类中的数据集数据量不大，类别较多，存在类内多样性和类间相似性（Cheng et al.，2017），传统的神经网络难以捕获长距离依赖关系（Lecun et al.，1998）和提取出全局性特征的问题给精准分类增加了难度。因此，提取出起到主要作用的关键性特征和全局性特征同样十分重要。

综上，高分辨率遥感影像在多尺度地物的排列组合下表现出复杂的语义关系，虽然卷积神经网络在遥感影像分类研究中取得了显著成果，但是传统的堆叠性卷积神经网络缺乏提取多尺度特征并建立相关特征联系的能力，同时提取遥感影像中关键性特征和全局性特征的能力也很有限，导致分类中遥感影像特征的表征能力不足，给精准分类造成了一定的影响。

第3章 遥感影像场景数据集

当前缺乏复杂地质环境遥感影像场景数据集,根据工作需求,自行构建多元复杂地质环境遥感影像场景数据集。因此,本书中遥感影像场景数据分为两类:一是公开的遥感影像场景数据集;二是作者制作的复杂地质环境遥感影像场景数据集,包括植被覆盖区地貌类型数据集、山区多类型景观数据集。

3.1 公开的遥感影像场景数据集

为了验证提出的网络模型的分类效果,本书还采用三个公开数据集进行遥感影像场景分类实验,分别是 UCM 数据集、AID 数据集和 NWPU-RESISC45 数据集。

3.1.1 UCM 数据集

UCM 数据集是遥感影像场景分类任务中最常用的数据集之一,许多经典的方法在遥感影像分析中均使用了这一数据集。UCM 数据集由 21 个场景组成,其中每个场景类别包含 100 幅 256×256 像素的 RGB 影像,空间分辨率为 0.3 m。图 3.1 展示了这21 类数据集影像示例图。

| 农田 | 飞机场 | 棒球场 | 海滩 | 建筑物 | 灌木丛 | 密集住宅区 |

| 森林 | 高速公路 | 高尔夫球场 | 海港 | 交叉路口 | 中密度住宅区 | 移动房车场 |

| 立交桥 | 停车场 | 河流 | 跑道 | 稀疏住宅区 | 储油罐 | 网球场 |

图 3.1 UCM 数据集示例图

3.1.2 AID 数据集

与 UCM 数据集相比，AID 是一个更具挑战性的数据集，被广泛用于评价各种遥感影像场景分类方法。首先，它是一个具有更多场景类型和影像的大规模影像数据集，一共包含 10 000 个影像，每个影像大小为 600×600，分为 30 类，不同场景类别影像的数量为 220～420。此外，该数据集还具有更多的类内差异性，因为它包括在不同时间和季节、不同成像条件下及从世界不同地区和国家收集的影像。最后，AID 数据集还具有多分辨率的特点，其分辨率范围为 0.5～8.0 m，数据集影像示例如图 3.2 所示。

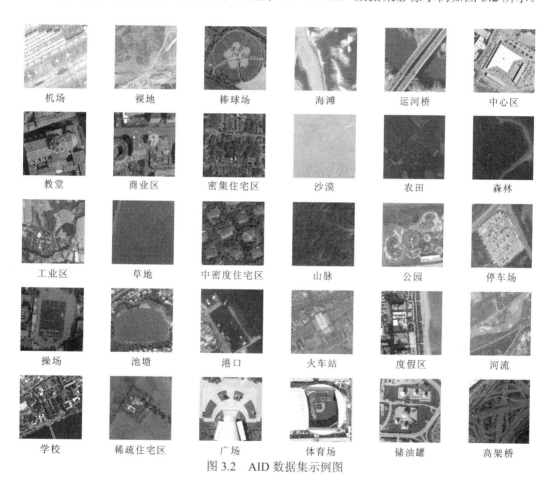

图 3.2　AID 数据集示例图

3.1.3 NWPU-RESISC45 数据集

NWPU-RESISC45 数据集是一个于 2017 年发布的大规模影像数据集，比 UCM 数据集和 AID 数据集更复杂。此数据集含有 31 500 幅影像，分布在 45 种场景类型上。每个类别有 700 幅 256×256 像素的 RGB 影像。每幅影像的空间分辨率为 0.2～30.0 m。该数据集选自谷歌地球，覆盖全球 100 多个地区，数据集影像示例如图 3.3（30 种场景）所示。

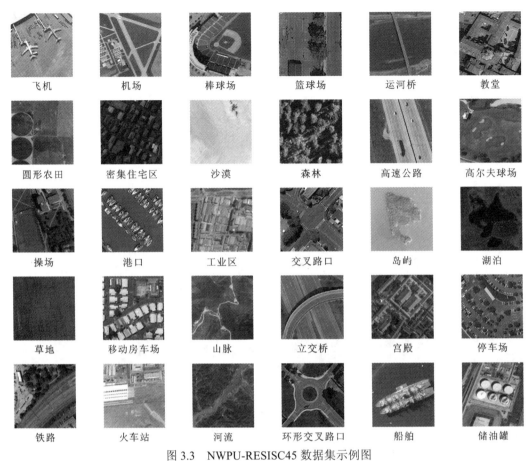

飞机	机场	棒球场	篮球场	运河桥	教堂
圆形农田	密集住宅区	沙漠	森林	高速公路	高尔夫球场
操场	港口	工业区	交叉路口	岛屿	湖泊
草地	移动房车场	山脉	立交桥	宫殿	停车场
铁路	火车站	河流	环形交叉路口	船舶	储油罐

图 3.3　NWPU-RESISC45 数据集示例图

3.2　植被覆盖区地貌遥感影像场景数据集制作

3.2.1　数据集制作区域基本情况

1. 自然地理概况

选择中国吉林省、黑龙江省交界处为研究区，与俄罗斯接壤，总面积约 5 000 km²。研究区地势整体上西高东低，西部属于低山丘陵地貌，地势向四周逐渐上升。东部部分地势较低，属于低山、丘陵及平原地貌（图 3.4）。研究区内区域植被类型丰富，覆盖度高（张海凤，2019），人为扰动对地形改造作用较小。

2. 区域地质概况

研究区位于天山—兴蒙造山带佳木斯—兴凯地块，具体位于张广才岭—太平岭边缘隆起带，太平岭隆起与老黑山断陷结合部位。该构造带南侧为华北板块，北侧为西

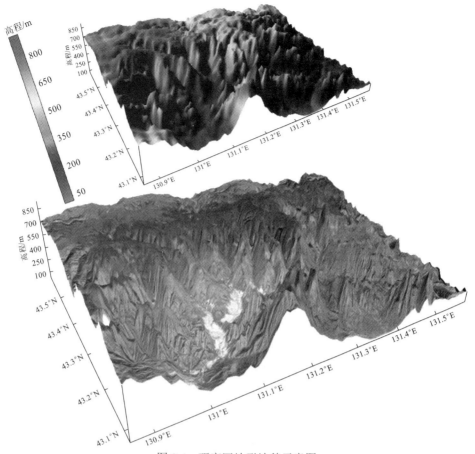

图 3.4　研究区地形地貌示意图

伯利亚板块，其形成与古亚洲洋向北俯冲西伯利亚板块有关，古生代时期形成了一套海底火山-沉积岩，其后经历了漫长的地质演化过程，到早三叠世佳木斯地块与华北板块最终碰撞对接成功，形成了统一的大陆。晚三叠世，西太平洋域大洋板块沿西北方向俯冲亚洲板块。在中侏罗世到早白垩世期间，燕山期构造运动继承印支晚期，东西、北西、北东和南北向断裂发生活化，至此本地区大规模的构造运动基本结束，区内构造格架基本形成，并控制着构造地貌的空间形态与分布规律，期内形成的地质体是构造地貌的主要物质成分，同时奠定了新生代地貌演化的物质和形态基础。新生代以来，俯冲碰撞构造运动较弱，早期主要以火山喷发作用为主，形成的火山熔岩叠加于构造地貌之上，表现为以熔岩台地、熔岩丘陵为主的地貌特征；晚期主要以河流侵蚀作用为主，叠加于两种地貌之上，表现为以河谷、残坡积为主的河流地貌特征。

　　研究区出露的地层有太古界、古生界、中生界和新生界。太古界分布范围较小，仅位于春化镇东南方向 1 km 处，主要岩性为片麻岩、变粒岩。古生界以二叠系在区域上较为发育。岩性主要为粗碎屑岩、板岩、砂岩、粉砂岩夹灰岩、板岩夹灰岩等。中生界以三叠系为主，区域内发育面积较小，岩性主要为安山岩、英安岩、英安质凝灰角砾岩。新生界新近系由土门子组（N_1t）、船底山组（N_2ch）和草帽组（N_2c）组成。土门子组和船底山组分布在研究区的中部及北部大部分地区，主要由橄榄玄武岩、辉石玄武岩和气孔状玄武岩组成。草帽组分布于玄武岩之上，岩性主要为灰色和灰黄色砂岩、砾岩、黏土夹煤层；第四系主要由阶地和河漫滩组成、主要岩性为砂土、砂、砾石。

区域内岩浆侵入较为强烈，分布面积较广。主要以中深成中酸性花岗岩类为主，其岩性主要为花岗岩、石英闪长岩、闪长岩、花岗闪长岩，其次为闪长岩、辉石闪长岩等，主要呈岩基、岩株状产出，零星呈脉岩产出。二叠纪、三叠纪为花岗质岩浆活动的主要时期。

3.2.2 数据集地貌成因标签解译流程

1. 地貌成因分类标准及遥感影像解译

地貌形成是内外营力共同作用的结果，主营力作用决定了地貌的成因类型。但是，在漫长的地质演化过程中会发生叠加改造地质作用，原有地貌的主营力作用被替代，导致地貌主成因发生改变，此种情况在研究区内广泛发育。但一般来说，成因是本质，而形态是成因的反应。对区域地貌进行分类需要确定地形要素形态（陈志明，1988）。此外，物质组成分异也是地貌分类的指标之一，物质成分的不同也会导致地貌形态上的不同（周成虎 等，2009）。综上所述，本研究区成因类型主要按照物质形态的指标进行划分。

对区域进行地貌成因解译，并将解译结果形成场景数据集的真值标签。过程如下。

（1）资料收集。收集区域内 1∶25 万、1∶20 万基础地质图、DEM 数据、中国 1∶100万数字地貌图（Zhou et al.，2009），以及哨兵 2 号卫星（表 3.1）多光谱影像。

表 3.1 哨兵 2 号卫星主要性能参数表（European Space Agency，2015）

项目	说明
在轨时间	2015 年至今
轨道高度/km	786
轨道倾角/（°）	98.62
扫描方式	推扫
重访周期/d	5
幅宽/km	290
波段数量	13
空间分辨率/m	10（4 个谱段），20（6 个谱段），60（3 个谱段）

（2）确定分类标准。利用收集的资料及野外基础踏勘，最终确定本研究区地形地貌物质形态类型作为分类标准（表 3.2），将研究区地貌分为构造地貌、火山熔岩地貌、

流水地貌三类。

表3.2 地貌成因解译分类标准表

研究区域物质形态	地质时代	成因划分及特征介绍
侵（冰）蚀沉积岩低山（海拔500～1 000 m）	二叠纪	构造地貌：形态总体表现为褶皱侵蚀山地，主要是古生代岩层，受到强烈的构造改造作用
侵（冰）蚀变质岩低山（海拔500～1 000 m）	太古宙 二叠纪	
侵（冰）蚀侵入岩低山（海拔500～1 000 m）	二叠纪 三叠纪 侏罗纪	
沉积岩丘陵（海拔250～500 m）	二叠纪 新近纪	
变质岩丘陵（海拔250～500 m）	二叠纪	
侵入岩丘陵（海拔250～500 m）	二叠纪 三叠纪 侏罗纪	
火山岩丘陵（海拔250～500 m）	二叠纪 三叠纪	
玄武岩丘陵、山地	新近纪	火山熔岩地貌：形态表现为熔岩丘陵和山地地貌，新近纪火山喷发作用形成，后期改造作用弱
泥砾质河谷平原	第四纪	流水地貌：形态表现为河谷地貌及残坡堆积平原，第四纪流水作用形成
泥砂砾质谷坡阶地	第四纪	
碎石土质残坡积平原	第四纪	

（3）人机交互目视遥感影像解译。根据收集的资料结合哨兵2号卫星遥感影像色调（色彩）、地形地貌、水系、影纹图案及其组合特征，建立基础地质与遥感影像间的相互对应关系，解译出1：5万地形地貌物质形态分类图。

（4）实地踏勘验证。通过剖面测量、照片采集、标本采集、构造分析、岩矿鉴定等手段对解译成果进行修正，得到最终解译成果（图3.5）。

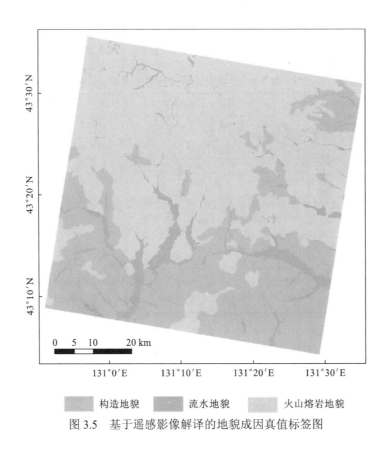

图 3.5 基于遥感影像解译的地貌成因真值标签图

（5）在分块裁剪好场景图后，利用某一单张场景范围内占比最大的解译成因类型作为这张场景数据的标签。

2. 地貌实地调查

地貌野外调查是研究地貌的基本方法，是验证地貌类型划分和遥感影像解译成果的基本手段。本次野外调查路线长约 110 km（图 3.6），其中验证点共 49 个，共取样 58 个，拍摄照片 148 张，穿越了主要的三种地貌类型。地貌类型解译正确的验证点有 46 个，占比 93.88%；错误的验证点有 3 个，占比 6.12%。主要是部分零散的第四纪沉积物解译成构造地貌或火山熔岩地貌。

3. 构造地貌

通过地质资料及野外调查，对区域构造地貌进行综合分析。区内地貌的构造运动主要发生在新生代之前，集中于燕山晚期，以北北东向褶皱作用为主，其次为北东向断裂作用。具体来看，北北东向褶皱主要分布在工作区的南部和东北部，翼间角中等，岩性主要为花岗岩，以脆-韧性变形为主，受后期火山和流水作用，两翼保留往往不够完整 [图 3.7（a）]，形成范围较大的褶皱侵蚀山；北东向断裂 [（图 3.7（b）] 整体与褶皱分布存在共生关系，以韧-脆性变形为主，但是其成貌作用相对有限。整体来看，构造地貌时空分布存在明显的规律：空间主要受北北东向褶皱控制，时间上主要形成于新生代之前。

图 3.6　野外调查路线图

（a）褶皱某翼脆性变形　　　　（b）断陷盆地某韧-脆性构造破碎带　　　　（c）层状玄武岩

（d）气孔状玄武岩　　　　（e）含砾砂岩　　　　（f）河流

图 3.7　地貌实地调查现场照片

4. 火山熔岩地貌

区内熔岩地貌主要集中于研究区的中部及北部。地貌内岩性以火山熔岩为主，形成于新生代，由气孔状玄武岩、气孔状安山岩等组成，多呈层状[图3.7（c）]、丘状分布，局部分化明显，出现岩体表层破碎现象。熔岩内气孔构造发育广泛，由于气孔状构造[图3.7（d）]是原始岩浆喷溢至地表冷凝时的挥发分逸散后留下的空洞形成的，主要分布于熔岩流的顶部，代表了原始熔岩地貌最表层的信息，所以该构造现象能够完整保存下来，证明了新生代火山岩形成以后该区地壳比较稳定，未经受大规模的隆升剥蚀作用。含砾砂岩，松散含砾砂状结构[图3.7（e）]，砾石成分主要为硅质，砾石含量5%左右，拥有复杂的沉积条件。

5. 流水地貌

野外调查结合区域河流分布图显示，区内流水地貌[图3.7（f）]广泛发育，主要分布于研究区的南部台地平原地带及北部山地丘陵地带，流走向以南北向和东西向为主，以树枝状水系为主，河流以珲春河为主，属图们江水系，是图们江下游珲春市境内的主要支流。

3.2.3 数据集制作方法

数据集制作主要分为三个阶段：首先，对遥感影像数据源预处理后裁剪得到遥感影像场景数据集；其次，对获取的DEM进行成分提取和预处理操作；最后，以遥感影像场景数据集为空间基准，对预处理后的DEM及其提取成分、解译结果矢量图进行空间上的裁剪，得到DEM及其成分数据集及解译标签。

1. 遥感影像数据源及预处理

在欧洲空间局网站上选择2020年10月26日两景云量<1%的哨兵2号卫星的L1C级可见光数据作为遥感影像数据源。L1C级数据是经过几何精校正的正射影像，其参考椭球为WGS84，空间分辨率为10 m。利用插件Sen2Cor，生产出经过辐射定标和大气校正的大气底层反射率数据。由于两景影像之间色差较小，直接对两景影像进行镶嵌处理，得到研究区遥感镶嵌影像。在此基础上，对选取影像进行场景数据集制作，由于不同成因地貌类型在空间上相互交错，为了最大程度完整体现出地貌成因分类，设定单张场景尺寸为64×64像素（640 m×640 m）。

2. DEM数据获取及成分提取

DEM由复杂的高程值模式组成，描述了地表形态特征，在遥感地形地貌等地表分类中有广泛的应用（Jasiewicz et al., 2013）。本书使用SRTM 1 Arc-Second Global DEM数据（下载网址：https://earthexplorer.usgs.gov），该数据由美国奋进号航天飞机于2000年左右基于雷达干涉影像生成，参考椭球为WGS84，高程基准是基于EGM96、空间分辨率约30 m的格网高程数据。对下载的研究区范围DEM数据进行预处理，并提取山体晕渲图、坡度、DEM局部平均中值、标准偏差、坡向-向北方向偏移量、坡向-向东方向偏移量和相对偏离平均值7个地貌形态参数。这些参数的提取方法及其对地貌遥感影像解译的支撑作用见表 3.3。参数提取后利用立方卷积方法在 ArcGIS10.6 软件中将各地貌形态参数重采样到 10 m。重采样后，投影到相同坐标系后，对重采样后的各地貌形态参数图进行裁剪，裁剪单张空间范围以哨兵 2 号卫星影像数据集为标准。

表 3.3　地形参数提取方法及其对地貌遥感影像解译的支撑作用描述

DEM 特征成分及简写名称	提取方法	相关说明
山体晕渲图（Hillshade）	Toolbox-3D 分析工具箱→栅格表面工具集→对 DEM 进行山体阴影计算	通过考虑光照源的角度和阴影，根据表面栅格创建地貌晕渲。与遥感影像相比，阴影地形是去除植被和建筑物后的地表的网格表示，代表裸地地形（Anders et al., 2011）
坡度（Slope）	Toolbox-3D 分析工具箱→栅格表面工具集→对 DEM 进行坡度计算（窗口大小 3×3 像素）	为每个输入像元位置计算其周围指定邻域内的值的统计数据。从 DEM 中提取的坡度数据是定量描述地貌的有效地貌变量。它提供了丰富的地貌物理特征，与地形起伏度和景观发育阶段有显著关系（Li et al., 2016）
DEM 局部平均中值（Mean）	Toolbox-空间分析工具箱→邻域分析工具集→焦点统计→对 DEM 进行计算平均值计算（窗口大小 3×3 像素）	为每个输入像元位置计算其周围指定邻域内的值的平均值。其能抑制地形较大噪声的影响，同时用于计算坡向向北/东方向偏移量成分及相对偏离平均值成分
标准偏差（Std）	Toolbox-空间分析工具箱→邻域分析工具集→焦点统计→对 DEM 进行标准偏差计算（窗口大小 3×3 像素）	它与地形崎岖度指数、表面比、粗糙度等范围有相关性（Lecours et al., 2017）
坡向-向北方向偏移量（North_av） 坡向-向东方向偏移量（East_av）	Toolbox-3D 分析工具箱→栅格表面工具集→对 DEM 局部平均中值（计算方法同上）进行坡向计算→转换成弧度→向北方向偏移量为弧度的余弦/向东方向偏移量为弧度的正弦	Horn(1981)提出的坡向的向北/向东方向成分，其值在−1（完全向南/向西）和 1（完全向北/向东）之间。刘学军等（2004）认为坡向是描述地形特征信息的重要指标，能间接表示地形起伏形态结构，是地表物质运动、土壤侵蚀等地学模型基础数据
相对偏离平均值（Rdmv）	Toolbox-空间分析工具箱→地图代数→栅格计算器，根据栅格图输入公式：-(mean-elevation)/range，mean 为窗口大小 3×3 像素内 DEM 局部平均中值（计算方法同上），elevation 为 DEM 高程值，range 为窗口内窗口大小 3×3 像素内 DEM 高程值最大值-最小值	其与地形位置指数和几种类型的曲率（一般、平面、最小、最大、平均）有相关性。它是相对位置的度量，可以识别峰（正值）和坑（负值）（Lecours et al., 2017）

3. 数据集标签生成处理

各标签范围以哨兵2号卫星影像数据集为标准进行裁剪，并计算裁剪后单张场景图像中三种地貌成因类型的面积占比，最后将面积占比最大的地貌成因类型定为其地貌类型标签，如图3.8所示。

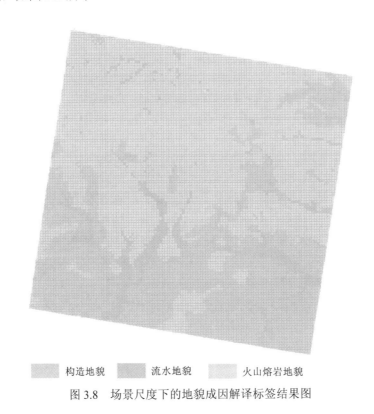

　构造地貌　　　流水地貌　　　火山熔岩地貌

图3.8　场景尺度下的地貌成因解译标签结果图

3.2.4　数据集描述

地貌数据集为场景数据集，分为构造地貌成因、火山熔岩地貌成因和流水地貌成因三类，共有9个主要成分，分别为哨兵2号遥感影像、DEM，以及基于DEM提取的山体晕渲图、坡度、DEM局部平均中值、标准偏差、坡向-向北方向偏移量、坡向-向东方向偏移量和相对偏离平均值7个地貌形态参数，每个成分共有11 896张样本，所有成分分辨率为10 m。其中流水地貌为897张、火山熔岩地貌为4 048张、构造地貌为6 951张。单个样本为64×64像素（640 m×640 m），所有样本之间无重叠区域。

数据集内容（图3.9）主要包括：①研究区范围哨兵2号影像图及DEM影像图，存储为tif格式；②11 896张×9个数据集主要成分样本图（图3.10），存储为tif格式；③样本解译标签及标签介绍，存储为txt格式；压缩后数据量约为2.2 GB。

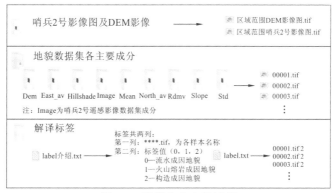

图 3.9　数据集内容描述图

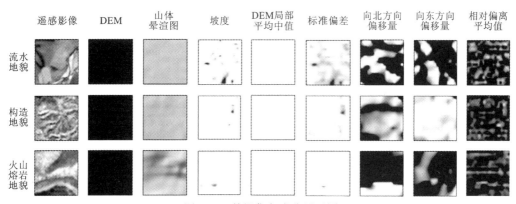

图 3.10　数据集各成分展示图

3.3　山区景观遥感影像场景数据集制作

3.3.1　数据区域及数据源

研究区位于甘肃与陕西交界处,黄河最大支流渭河贯穿研究区域,面积为 $2\,589\,\mathrm{km}^2$。该区域位于天水市与宝鸡市之间,由古老地层褶皱而隆起,形成山地地貌,并且由于渭河及其支流横贯于其中,盆地和河谷阶地交替分布于宽谷与峡谷。该区域为山地地形,在选定区域中沿河分布有大小不等的城镇,其城镇、农田及河流之间均有道路相连,山脉和山路之间错综复杂,梯田和农田之间相互重叠,使得高精度的遥感影像场景分类具有挑战性。影像区域如图 3.11 所示。

所用的遥感源是资源三号(ZY-3)卫星,资源三号卫星是我国于 2012 年自主研发的第一颗民用高分辨率立体测图卫星,其主要参数如表 3.4(Chen et al.,2018)所示。

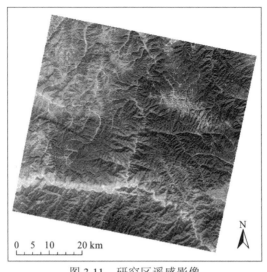

图 3.11　研究区遥感影像

表 3.4　资源三号卫星的主要参数

参数	传感器和数据属性
相机模式	全色正视；全色前视；全色后视；多光谱正视
分辨率/m	星下点全色：2.1；全色：3.6；星下点多光谱：5.8
波长/nm	全色：450～800
	蓝：450～520
	绿：520～590
	红：630～690
	近红外：770～890

选用的资源三号卫星遥感影像，包括 2.1 m 的全色影像和 5.8 m 的多光谱影像，以及前后视正射影像，用于提取数字高程模型（DEM）。全色影像和多光谱影像的地理坐标系皆为 WGS_1984_UTM_Zone_49N。

3.3.2　数据集制作流程

1. 数据预处理

为了适应更多的应用场景，进行简单的图像校正处理后，对遥感影像数据进行数据预处理。

首先，利用 ENVI5.3 来提取区域的 DEM，基于 DEM 数据对多光谱影像与全色影像进行校正。具体步骤：构建包含有理多项式系数（rational polynomial coefficients，RPC）模型的文件，输入相机的焦距和像中心点坐标。使用框标点内定向构建影像与相机的关系，并转换像素坐标系到相机坐标系，再使用地面控制点外定向来构建地物与影像的联系得到 RPC 文件，最后通过 ENVI 提示设置参数后即可完成整个 DEM 提取的操作，是一个流程化的操作模块。

其次，对多光谱影像与全色影像进行正射校正。多光谱影像因为技术限制，在区域内会出现不同程度的倾斜误差和投影误差，而这样的误差容易导致场景分类结果不准确。而全色影像为单波段影像，一般空间分辨率较高，其影像精度和产生的误差也更低，所以在本书中以全色影像为蓝本对多光谱影像进行正射校正。具体步骤：将多光谱数据、DEM 数据依次导入 ENVI 中；选择控制点及设置参数，需要设置输出像元大小，重采样方式等。同时通过大地水准面校准提高 RPC 模型的水平和垂直精度。

最后，将处理后的多光谱影像和全色影像进行影像融合。但资源三号卫星的原始多光谱影像的空间分辨率太低，其地物清晰度不足，极大地影响了模型训练的稳定性及速度，并且也导致获取高精度场景分类结果更为困难。基于这个问题，本书利用 ENVI5.3 提取出研究区域的数字地表模型，利用数字地表模型对研究区的 5.8 m 空间分辨率的多光谱影像和 2.1 m 空间分辨率的全色影像进行正射校正，再将两者进行影像融合，从而得到 2.1 m 空间分辨率的多光谱影像，如图 3.12 所示。

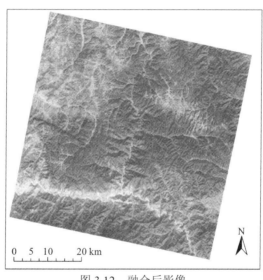

图 3.12　融合后影像

2. 构建自动裁剪方案

传统的方法多为基于 ArcGIS 平台的手动裁剪，但手动方法过于烦琐和缓慢，并且泛化性不强。本书基于 Python3 中的 ArcGIS 模组，实现基于 shp 点文件的全自动裁剪程序。主要流程：①通过加载函数加载标记完成的点文件；②通过分析点文件中的绝对经纬度，将其转换成区域中的相对坐标并导出为文本文件；③导入原始文件与相对坐标文件，通过对齐像元等操作，再对像元矩阵进行裁切；④根据设定，保存为真彩色（即 4 个通道中的 3、2、1 通道，并按照 321 的顺序合成），同时将原始影像的空间地理信息保留。程序实现了基于输入的点文件与遥感影像之间的坐标映射关系，对遥感影像的像元进行裁切，从而实现了自动的裁剪程序，极大提升了制作数据集的速度与便利性。

3.3.3 山区地理遥感影像场景数据集制作

当前没有公开的复杂山区地理遥感影像场景数据集。针对复杂山区遥感影像场景分类任务，需要制作数据集开展相关研究。根据网络模型、原始影像的空间分辨率大小，将影像切分为 256×256 像素。基于这个影像块尺寸，首先利用 ArcGIS10.1 平台制作该区域的渔网点图，以下操作均基于 ArcGIS10.1 进行。

（1）基于原始影像文件制作同等大小的矩形框掩模，并保存为 shp 文件。

（2）通过管理工具中的要素创建渔网文件，并且在设置中将渔网区域设置为步骤（1）中的 shp 文件，同时设置为点型渔网，创建后保存。

（3）首先，打开渔网点文件的属性设置，检查其坐标系统是否与原始影像一致，如果不一致将其改为与原始坐标一致的坐标系；随后，将获取到的渔网点文件与遥感影像文件放入自动裁剪程序中获得整体区域的数据集；其次，因为遥感影像场景分类任务中需要对多类场景进行区分，而直接在利用渔网切分的整体数据集中目视解译过于繁杂，也可以更为便利地通过 ArcGIS10.1 平台对部分场景分别进行点标注；最终利用每个场景的点文件结合自动裁剪程序生成山区遥感影像场景分类数据集，空间分辨率为 2.1 m，每类影像的数量如表 3.5 所示，共含有 6 类场景影像。如图 3.13 所示，影像大小为 256×256 像素。构建数据集的影像中沿河分布有大小不等的城镇，并且城镇、农田及河流之间均有道路相连，梯田和农田之间相互重叠。总之，该数据集地物分布情况复杂，类间相似性大，使得高精度的遥感影像场景分类具有挑战性。

表 3.5　场景山区数据集每类数量

项目	类别					
	农田	居民区	山脉	山路	河流	梯田
数量	180	200	200	100	180	200

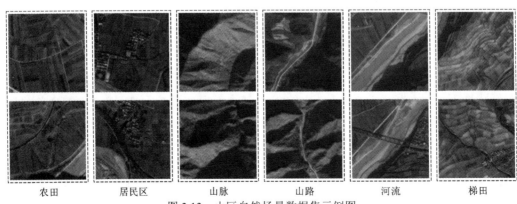

农田　　居民区　　山脉　　山路　　河流　　梯田

图 3.13　山区自然场景数据集示例图

第4章 基于注意力和多尺度特征融合的遥感影像场景分类

　　由于卫星拍摄的高度、角度及遥感影像场景对象自身特征等原因，遥感影像场景中地物目标往往存在尺度多变问题。如图 4.1 所示，第一行场景为储油罐，第二行场景为机场，在这两类场景中，储油罐和飞机两种地物目标的尺度差异很大。卷积神经网络如果采用固定尺度来提取影像特征则模型的尺度鲁棒性显然不足，往往无法捕捉到所有地物目标，尤其是深层次的网络具有较大的感受野，使得网络对一些尺寸较小的目标缺乏足够的注意力，这限制了遥感影像场景的分类性能。此外遥感影像场景空间信息丰富且背景复杂，存在大量冗余的地理特征，人工提取特征困难，并且包含语义信息的特征可能存在复杂背景上的一小块区域（边小勇 等，2019），因此需要有效地提取多种地物特征并建立特征之间的联系，最后提取出对分类任务作用最大的关键特征。

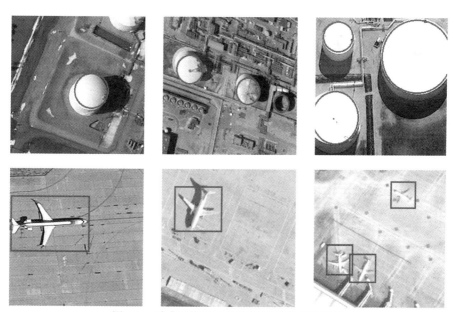

图 4.1　遥感影像场景地物目标尺度多变举例

　　针对以上问题，本章将提出一种注意力和多尺度特征融合的遥感影像场景分类算法。首先构造多尺度特征融合网络模型，将网络特征提取划分为多个阶段，每个阶段都生成一个下采样分支，每个分支提取不同的尺度特征，在每个阶段结束时对不同尺度特征进行融合以增强特征表达能力，在网络最后阶段将所有分支汇总后送入分类器完成分类任务。然后构建通道注意力模块并嵌入多尺度特征融合网络模型，来学习不同尺度下的遥感影像场景特征并提升有效特征的表达能力并抑制冗余特征。最后对三大公开遥感影像场景分类数据集进行对比实验，证明本章所提方法的有效性。

4.1　模　型　构　建

4.1.1　多尺度特征融合网络

传统的卷积神经网络比如 ResNet 是由多个重复叠加的残差块组成,在每个阶段结束后会有一个步长为 2 的卷积层将特征图的大小减小为原来的 1/2,这种做法能有效地增大特征的感受野,但与此同时也会丢失遥感影像的一些细节纹理信息,甚至导致网络对场景中过小的地物目标无法有效地识别,在一定程度上影响分类效果。为了提高特征的尺度鲁棒性并且尽量保持高分辨率,本章将探讨一种新的多尺度特征融合网络:高分辨率网络(high resoultion net,HRNet)(Sun et al., 2019)。该网络是在 ResNet 基础上进行改进的,将多个特征提取网络进行并行连接,网络可以在全程保持高分辨率表示。如图 4.2 所示,网络整体架构分为 4 个阶段,网络的第一阶段使用 4 个 ResNet 网络的瓶颈残差块,每个后面接着两个基础残差块并将卷积核步长设置为 2,将输入图像分辨率减少至原图的 1/4,同时将通道数提升至 64,用字母 C 表示;接着在第二阶段中,在原网络基础上增加一条分支,将第一阶段的特征图分辨率缩减为原来的 1/2,通道数增加至 $2C$;以此类推,经过 4 个阶段后 4 个通道的特征图通道数分别为 C、$2C$、$4C$ 和 $8C$,分辨率分别为原来的 1/4、1/8、1/16 和 1/32。可以看出在网络的第二阶段、第三阶段和第四阶段逐渐增加了网络的分支,每个分支提取不同尺度的特征,生成不同分辨率的特征图。

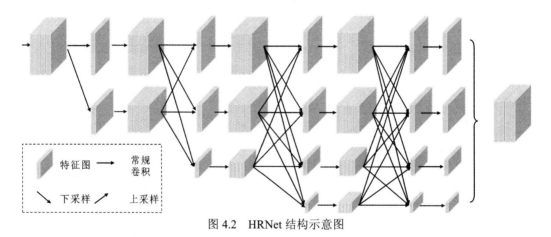

图 4.2　HRNet 结构示意图

经过 4 个阶段的特征提取,HRNet 可以提取到顶层的高分辨率特征和底层的低分辨率特征,并且除了在最后对多个尺度的特征进行融合,HRNet 在每个阶段结束之后也将不同尺度的特征进行融合来提高特征的表达能力。特征融合的具体细节可见图 4.3,有3 种不同的特征融合方式,网络的每个分支都能接收到其他分支的特征信息,这样每个尺度的特征都会融合其他尺度的特征信息。由于不同分支的特征分辨率不同,无法进行直接融合,需要采用上采样和下采样来统一其分辨率。例如,高分辨率使用一个卷积核大小为3×3、步长为2的卷积层来完成下采样，可以将特征图缩减为原来的1/2；同理，使用两个连续这样的卷积层可以将特征图缩减为原来的 1/4。此外，低分辨率使用最近邻插值进行上采样，将分辨率提升到与高分辨率特征图相同，并使用卷积核大小为1×1的卷积层使通道数与高分辨率特征图保持一致，最后进行融合操作。

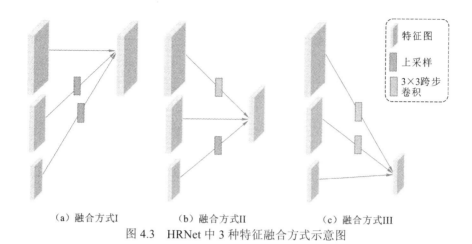

（a）融合方式I　　　　　　（b）融合方式II　　　　　　（c）融合方式III

图 4.3　HRNet 中 3 种特征融合方式示意图

网络的详细配置信息如表 4.1 所示。由表可知网络包含 4 个阶段，每个阶段中前两个数字代表模块单元的内部结构，第一个数字在方括号里，逗号前面表示卷积核的大小，逗号后面表示通道数，第二个数字为残差块的个数，第三个数字为模块的个数。由表可知，阶段二、阶段三、阶段四分别包含 1、4、3 个模块，每个模块包含 4 个残差块，每个残差块包含两个 3×3 的卷积层。HRNet 在每个分支上是由这些模块堆叠而成，4 个阶段的特征通道数依次为 C、$2C$、$4C$ 和 $8C$。

表 4.1　HRNet 的详细配置信息

分辨率	阶段一	阶段二	阶段三	阶段四
4×	$\begin{bmatrix} 1\times1,\ 64 \\ 3\times3,\ 64 \\ 1\times1,\ 64 \end{bmatrix} \times 4\times1$	$\begin{bmatrix} 3\times3,\ C \\ 3\times3,\ C \end{bmatrix} \times 4\times1$	$\begin{bmatrix} 3\times3,\ 2C \\ 3\times3,\ 2C \end{bmatrix} \times 4\times4$	$\begin{bmatrix} 3\times3,\ C \\ 3\times3,\ C \end{bmatrix} \times 4\times3$
8×		$\begin{bmatrix} 3\times3,\ 2C \\ 3\times3,\ 2C \end{bmatrix} \times 4\times1$	$\begin{bmatrix} 3\times3,\ 2C \\ 3\times3,\ 2C \end{bmatrix} \times 4\times4$	$\begin{bmatrix} 3\times3,\ 2C \\ 3\times3,\ 2C \end{bmatrix} \times 4\times3$
16×			$\begin{bmatrix} 3\times3,\ 4C \\ 3\times3,\ 4C \end{bmatrix} \times 4\times4$	$\begin{bmatrix} 3\times3,\ 4C \\ 3\times3,\ 4C \end{bmatrix} \times 4\times3$
32×				$\begin{bmatrix} 3\times3,\ 8C \\ 3\times3,\ 8C \end{bmatrix} \times 4\times3$

4.1.2　通道注意力模块

压缩与激励网络（squeeze and excitation networks，SENet）（Hu et al.，2018b）属于通道域注意力机制的一种。SENet 的核心结构是压缩与激励模块（squeeze and excitation block，SE block），压缩与激励模块可以让网络在训练过程中调整不同特征通道的权重来提高对分类有用的特征权重，抑制对分类无用的特征权重，使模型的分类准确率得到提升。图 4.4 是压缩与激励模块的结构示意图。给定一个输入 x，其特征通道数为 C_1，通过卷积等变换后得到一个特征通道数为 C_2 的特征。接下来三个操作重新标定前面得到的特征。

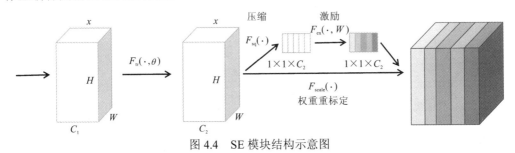

图 4.4　SE 模块结构示意图

首先是压缩（squeeze）操作，为了学习通道间的依赖关系，采用全局平均池化对特征图进行压缩，将所有特征通道压缩成一维实数集，实数集的长度与特征通道的数量相同。如式（4.1）所示，U 是图 4.4 经过卷积得到的左边第二个三维特征图，或者也可以认为是 C 个大小为 $H×W$ 的特征图，而 $\boldsymbol{u}_c$ 为 U 中第 c 个二维特征图，下标 c 为通道的数量。F_{sq} 为挤压操作，它将输入特征映射 U 转换为大小为 $1×1×C$ 的输出。C 为特征通道的数目，H 和 W 分别为特征图的高度和宽度，i 和 j 均为特征图的元素。

$$z_c = F_{sq}(\boldsymbol{u}_c) = \frac{1}{H×W}\sum_{i=1}^{H}\sum_{j=1}^{W}\boldsymbol{u}_c(i,j) \tag{4.1}$$

接下来是激励（excitation）操作，激励操作是在压缩操作基础上捕捉通道间的依赖关系。如式（4.2）所示，前面压缩操作得到的结果是 z，先将 z 与 W_1 相乘，W_1 代表一个全连接操作，维度是 $C/r×C$，这里 r 是一个缩放参数，可以减少通道数和降低参数量，在本章实验中 r 取的是 16。z 的维度是 $1×1×C$，则 $W_1×z$ 的结果是 $1×1×C/r$，然后经过一个 ReLU 层，其结果再和 W_2 相乘，W_2 也代表一个全连接操作，维度是 $C×C/r$，因此输出的特征维度是 $1×1×C$，最后再经过 Sigmoid 函数得到 s。s 是整个操作最核心的部分，可以用来刻画每个特征图的权重，该权重可以通过端到端学习得到。

$$s_c = F_{ex}(z,W) = \sigma(g(z,W)) = \sigma(W_2\delta(W_1 z)) \tag{4.2}$$

式中：σ 为 Sigmoid 函数；δ 为 ReLU 函数；W_1 和 W_2 为 $C/16$ 和 C 层的向量表示。

最后就是权重重标定操作，如式（4.3）所示，$\boldsymbol{u}_c$ 是一个二维矩阵，s_c 是一个实数，也就是权重，因此 $F_{scale}(\boldsymbol{u}_c,s_c)$ 相当于把每个二维特征图赋予一个权重。

$$\tilde{x}_c = F_{scale}(\boldsymbol{u}_c,s_c) = s_c\boldsymbol{u}_c \tag{4.3}$$

总而言之，压缩操作主要通过一个全局平均池化层来获得通道的统计信息。激励操作则在上述基础上捕捉通道间的依赖关系，借助 Sigmoid 激活函数设计了一种简单的门机制操作，最终权重重标定操作就是对输出特征通道的权重进行重新校准。

4.1.3　基于注意力和多尺度特征融合的遥感影像场景分类网络

　　尽管多尺度特征融合网络 HRNet 可以提取高质量的多尺度特征，但特征的冗余现象还是会在网络训练中出现。为了解决这个问题，本书将通道注意力 SE 模块融入 HRNet，提出基于注意力和多尺度特征融合的遥感影像场景分类网络（squeeze and excitation-high resoultion net，SEHRNet）。具体网络结构如图 4.5 所示，保持基础的 HRNet 网络结构不变，在每个阶段中每个分支残差块的最后一个 3×3 卷积层后插入 SE 模块，具体融合细节如图 4.6 所示，主要分为两步：①在残差块的 3×3 卷积操作之后插入 SE 模块，使得网络在训练过程中能够获得每个场景特征通道的权重；②将权重通过重标定操作加权到最初的特征通道上，以提升网络模型的特征表达能力。通过融入 SE 通道注意力模块，网络模型既可以提取多尺度的特征信息，又可以根据每个特征通道的权重来选择性放大对分类有用的关键特征并抑制干扰特征。

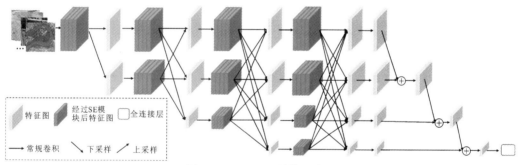

图 4.5　SEHRNet 结构示意图

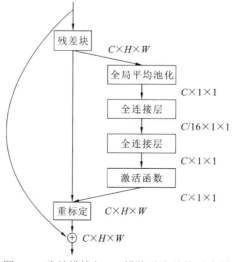

图 4.6　残差模块与 SE 模块融合结构示意图

整个遥感影像场景分类流程为：先将遥感影像输入 SEHRNet 提取特征信息，再在网络最后阶段添加一个分类部分，分类具体细节是先将 4 个分支的特征图送入一个残差瓶颈层，输出通道分别从 C、$2C$、$4C$、$8C$ 增加到 128、256、512、1 024，然后使用一个 3×3 的跨步卷积进行下采样特征融合，接着通过 1×1 卷积将 1 024 维通道转换为 2 048 维通道，最后进行全局平均池化，输出 2 048 维输入到分类器，最后得到分类结果。图 4.5 中水平箭头表示常规的卷积操作来提取特征信息；对角线和垂直箭头表示带步长卷积所执行的下采样操作，在垂直方向上使特征由细到粗，具有不同的尺度。这样网络在垂直方向上产生粗尺度特征，在水平方向则保留了遥感影像场景的高分辨率信息，并且每个阶段结束后都会进行多尺度特征融合，增强特征的表达能力。

4.2 实 验 设 置

本章实验将数据集按照不同比例随机划分为训练集和测试集。为了客观地评估本书提出的方法，本章实验采用的训练测试比例与以往方法相同。对于 UCM 数据集，训练比例依次为 80% 和 50%，剩下的作为测试集。对于 AID 数据集，训练比例依次为 50% 和 20%，剩下的作为测试集。对于 NWPU-RESISC45 数据集，训练比例依次为 20% 和 10%，剩下的作为测试集。为了在所有数据集上获得可靠的结果，在每个训练比例设置下重复进行 10 次实验，并将所有实验结果的平均值和方差作为最终实验结果。此外为了达到更好的测试效果，本章采用传统的数据增广的方式，将训练集影像随机进行旋转和翻转并添加随机噪声提升训练数据的多样性，而测试集影像无须做数据增广。实验软硬件环境及模型参数设置如下。

（1）实验软硬件环境。本章实验的具体软硬件环境如表 4.2 所示。实验基于 Ubuntu 16.04.7 系统下搭建的 PyTorch 1.7 深度学习框架，编程语言选用 Python 3.5，GPU 选用两张 TITAN V，显卡驱动环境为 CUDA 10.2 和 CUDNN 7.4.1。

表 4.2 实验软硬件环境配置

项目	实验环境	具体配置
硬件环境	CPU	CPUi7-10875H
	GPU	2×TITAN V
	内存	32 G
软件环境	操作系统	Ubuntu 16.04.7
	深度学习框架	PyTorch 1.7
	编程语言	Python 3.5
	显卡驱动版本	CUDA 10.2/CUDNN 7.4.1

（2）参数设置。网络训练时超参数设置如表 4.3 所示。网络训练的初始学习率设

置为 0.01，并每隔 30 次迭代学习率衰减为原来的 0.1 倍。训练批次大小设置为 64，损失函数采用最常用的交叉熵损失函数并采用随机梯度下降进行优化。

表 4.3　实验参数设置

参数	数值
初始学习率	0.01
权重衰减因子	0.000 5
batch_size	64
epoch	120
优化器	随机梯度下降优化器
损失函数	交叉熵

注：batch_size 为每次输入网络训练的样本数量；epoch 为每次所有数据输入网络中一次前向计算和反向传播的过程。

4.3　实验结果与分析

4.3.1　UCM 数据集实验结果与分析

UCM 数据集是一个应用非常广泛的数据集，许多经典的方法在遥感影像场景分类中使用了该数据集，表 4.4 中展示了一些经典方法和本章提出的方法的对比结果。在经典方法中，微调的 GoogleNet 比没有微调的 GoogleNet 分类精度提高 3%左右，说明网络微调可以改善分类效果。此外在经典方法中 Inception-CapsNet 和 GCFs+LOFs 方法取得最优的分类效果，分类精度达到 99.05%左右。与经典方法相比，当训练比例为 80%时，本书提出的 SEHRNet 模型在该数据集上的分类精度达到 99.17%，表明本书的方法可以很好地获得高级语义信息。此外当训练比例为 80%时，HRNet 模型的分类精度达到 98.82%左右，与最好的经典方法分类效果接近，加入 SE 模块后，分类精度提升了 1%左右。实验结果表明 SE 注意力机制对 UCM 数据集分类是有效的，能提高模型的分类性能。

表 4.4　不同场景分类方法在 UCM 数据集上的分类精度　　（单位：%）

方法	分类精度	
	80%训练比例	50%训练比例
CaffeNet	95.02±0.81	93.98±0.67
GoogleNet	94.31±0.89	92.70±0.60
salM3LBP-CLM	95.75±0.80	94.21±0.75
VGG-16	95.21±1.20	94.14±0.69
TEX-Net-LF	96.62±0.49	95.89±0.37
Fine-tuned GoogleNet	97.1	—

方法	分类精度	
	80%训练比例	50%训练比例
DSFATN	98.25	—
GCFs+LOFs	99.00±0.35	97.37±0.44
Inception-CapsNet	99.05±0.24	97.59±0.16
HRNet	98.82±1.19	95.83±0.67
SEHRNet	99.17±1.20	97.64±0.59

为了评估网络模型对每个场景的分类准确率及把该场景类别错误预测成其他类别的情况，本章将训练比例为80%时，SEHRNet模型在UCM数据集上的预测结果制成混淆矩阵，结果如图4.7所示。图中的数字用小数表示以方便作图观察，保留小数点后两位。由图可知，SEHRNet在UCM数据集上分类效果较好，有20种场景类别分

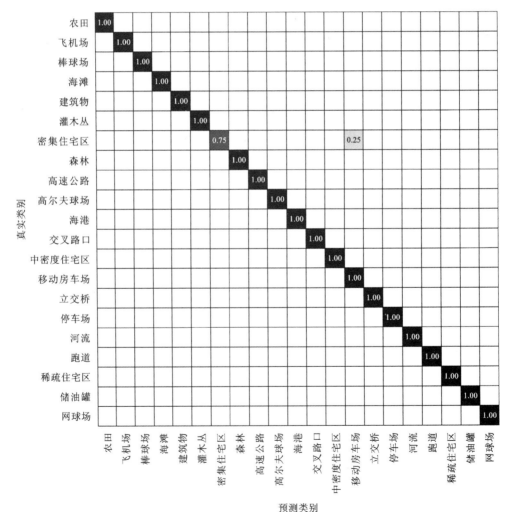

图 4.7 SEHRNet 在 UCM 数据集上的混淆矩阵

类准确率为 100%，然而密集住宅区场景分类准确率比较低，只有 75%，这是因为该类场景的某些影像样本被错分为移动房车场，两个场景都具有密集的纹理特征，有一定相似之处，容易造成误分现象。

4.3.2　AID 数据集实验结果与分析

AID 数据集包含的类别数大于 UCM 分类数据集。因此，在相同的模型条件下，各种经典网络方法的精度低于 UCM，但本书提出的方法在 AID 数据集仍然可以保持较高的分类精度。表 4.5 展示了一些经典和新兴的方法与本书提出的方法的对比。当训练比例为 50% 时，HRNet 的分类精度为 91.45% 左右，高于经典方法 CaffeNet、GoogleNet、VGG-16 和 salM3LBP-CLM，但低于新兴方法 Fusion by addition、TEX-Net-LF、TwoStream Fusion 和 VGG-16-CapsNet。加入注意力模块后，SEHRNet 的分类精度达到 95.24% 左右，分类精度提高了 4% 左右，分类精度达到最高。当训练比例为 20% 时，HRNet 的分类精度为 87.71%，高于传统方法 CaffeNet、GoogleNet 和 VGG-16，加入注意力模块后分类精度提升了 3.9% 左右。这说明 SE 注意力机制可以帮助网络学习有效的特征，提高分类效果。

表 4.5　不同场景分类方法在 AID 数据集上的分类精度　　　　（单位：%）

方法	分类精度	
	50%训练比例	20%训练比例
CaffeNet	89.53±0.31	86.86±0.47
GoogleNet	86.39±0.55	83.44±0.40
VGG-16	89.64±0.36	86.59±0.29
salM3LBP-CLM	89.76±0.45	86.92±0.35
Fusion by addition	91.87±0.36	—
TEX-Net-LF	92.96±0.18	90.87±0.11
TwoStream Fusion	94.58±0.25	92.32±0.41
VGG-16-CapsNet	94.74±0.17	91.63±0.19
HRNet	91.45±0.46	87.71±0.48
SEHRNet	95.24±0.18	91.68±0.39

图 4.8 展示了当训练比例为 50% 时，SEHRNet 模型在 AID 数据集上的混淆矩阵。由图可知，公园、港口和度假区三个场景分类准确率比较低，分别为 75%、68% 和 64%。公园场景的某些图像样本被误分为工业区、度假区、河流和广场。港口分类准确率低

是因为 18%的图像样本被误分为运河桥。同理度假区的分类准确率低也是因为 18%的样本被误分为学校。这些场景在空间布局和纹理特征上具有高度相似性。

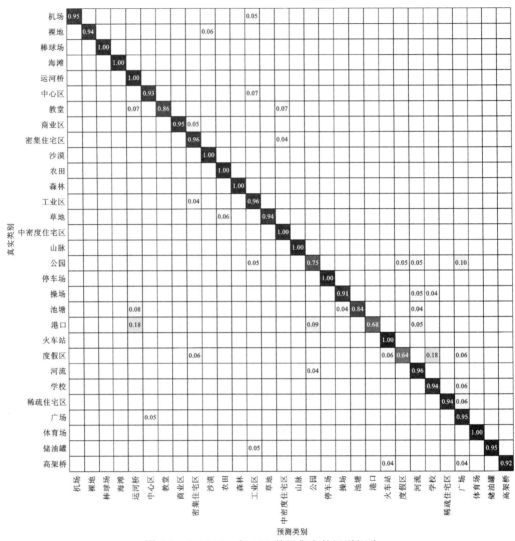

图 4.8　SEHRNet 在 AID 数据集上的混淆矩阵

4.3.3　NWPU-RESISC45 数据集实验结果与分析

NWPU-RESISC45 数据集包括 45 个场景类别,一共有 3 万多张场景图像,分类难度是最困难的。表 4.6 展示了一些经典方法与本章提出的方法在该数据集上的实验对比。当训练比例为 20%时,HRNet 的分类精度为 90.87%左右,高于大部分的经典分类方法。加入注意力模块后,SEHRNet 的分类精度达到 93.57%左右,分类精度提高了 3%且达到了最高的分类效果。当训练比例为 10%时,HRNet 的分类精度为 86.67%左右。加入注意力模块后，SEHRNet 的分类精度达到 88.57%左右，分类精度提高了 2%左右，也达到了同比例最高分类精度。

表 4.6 不同场景分类方法在 NWPU-RESISC45 数据集上的分类精度 （单位：%）

方法	分类精度	
	20%训练比例	10%训练比例
AlexNet	79.85±0.13	76.69±0.21
VGG-16	79.79±0.15	76.47±0.18
GoogleNet	78.48±0.26	76.19±0.38
TwoStream Fusion	83.16±0.18	80.22±0.22
BoCF	84.32±0.17	82.65±0.31
Fine-tuned AlexNet	86.16±0.18	81.22±0.19
Fine-tuned GoogleNet	86.02±0.18	82.57±0.12
Fine-tuned VGG-16	90.36±0.18	87.15±0.45
D-CNN	91.89±0.22	89.22±0.50
HRNet	90.87±0.21	86.67±0.19
SEHRNet	93.57±0.28	88.57±0.32

图 4.9 展示了 SEHRNet 模型在 NWPU-RESISC45 数据集上的混淆矩阵。由图可知，教堂的分类准确率只有 65%，21%的样本被误分为商业区。宫殿场景的分类准确率只有 72%，这是因为 21%的样本被误分为教堂。河流的分类准确率也只有 72%，其中样本被误分为运河桥、湖泊、露台和湿地。船舶的分类准确率只有 64%，15%的样本被误分为海滩。湿地分类准确率只有 79%，21%的样本被误分为湖泊。由以上分析可知，这些分类准确率较低的场景主要是跟其他场景有相似之处，或者本身场景复杂多变，影响了整体分类准确率。

图 4.10 展示了利用 HRNet 和 SEHRNet 在 NWPU-RESISC45 数据集上生成的热力图，图中的区域越亮则相应区域对分类的重要性越大。本章选取三个场景类别，分别是储油罐、棒球场和教堂。从图 4.10 中可以看出，遥感影像场景中包含语义信息的特征存在复杂背景上的一小块区域。比如教堂场景中建筑物集中在图像左下角，其余是带干扰的背景信息。与 HRNet 相比，SEHRNet 能准确捕获这些场景中的主要目标对象，说明加入 SE 模块后网络能有更好的特征表达能力，可以提取关键性特征，为这些场景提供重要信息。

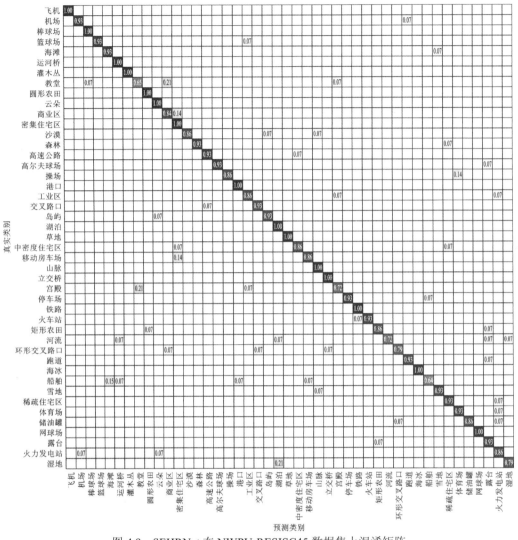

图 4.9　SEHRNet 在 NWPU-RESISC45 数据集上混淆矩阵

（a）原始场景影像

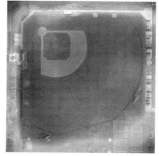

（b）HRNet生成的热力图

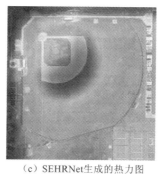

（c）SEHRNet生成的热力图

图 4.10　原始场景影像和场景影像热力图

第5章　基于深度度量学习的遥感影像场景分类

在第4章中，通过研究基于注意力和多尺度特征融合的遥感影像场景分类方法，发现有些场景分类准确率比较低，通过分析混淆矩阵可知，主要原因是这些场景跟其他场景有相似之处，或者本身场景复杂多变。事实上，与自然影像场景相比，遥感影像场景更加复杂多变，往往存在类内多样性和类间相似性的问题。类内多样性指同一类别的遥感场景影像在布局、形状、纹理等方面差异很大，如图5.1所示，第一行为教堂场景，第二行为火车站场景，这两类场景中每张影像都与同类的其他影像差别很大。类间相似性的挑战主要是相同的地物目标在不同的场景类别之间有重叠。如图5.2所示，从上到下再从左到右类别依次是宫殿和教堂、跑道和高速公路、火车站和工业区、体育馆和火车站、商业区和密集住宅区，两种场景类别之间存在地物目标的重叠，例如：建筑物在教堂和宫殿这两类场景中同时存在；道路在跑道和高速公路这两类场景中同时存在。传统卷积神经网络使用Softmax作为分类器并嵌入网络的最后一层，在训练过程中计算分类误差并指导特征提取，在测试过程中输出样本属于某一类的概率。但Softmax不能显式增加特征的可区分性，以便通过梯度下降对特征学习进行指导，因此类内差异大、类间差异小而造成的错分问题不能得到有效的缓解，从而导致遥感影像场景分类的性能退化。在这种情况下，如何学习更具辨别性的卷积神经网络特征表示，这些特征具有较小的类内散射和较大的类间分离，是一个值得研究的问题。

图5.1　类内多样性示意图

深度度量学习（deep metric learning）在解决类内多样性和类间相似性问题上被研究学者证明是一种有效的算法（Kaya et al.，2019）。深度度量学习是度量学习的一种方法，目的是学习一个从原始特征到低维度的向量空间（又称为嵌入空间）的映射，使相同类别的样本在向量空间上使用常见的距离函数（如欧氏距离）计算的距离比较

图 5.2　类间相似性示意图

近，而不同类别的样本之间的距离尽可能远，这样使用近邻算法才能取得更好的分类效果。损失函数是深度度量学习中的关键部分，常见的三元组损失或二元组损失是建立在成对样本采样或者三元组采样上，当数据样本数量多时采样后的样本空间呈指数级增长，此外网络模型在训练中很难穷举所有的样本对并且容易陷入局部最优的困境。

为了探索一种可能的解决方案来应对上述挑战，本章使用第 3 章提出的多尺度特征融合网络 HRNet 作为特征提取的主干网络，在交叉熵损失函数的基础上研究一种新的损失函数——可扩展近邻成分分析（scalable neighborhood component analysis，SNCA）（Wu et al.，2018），并使用 k 最近邻分类器代替 Softmax 分类器输出分类结果。与三元组损失和二元组损失相比，该损失函数不必构建样本对。在 AID 数据集和 NWPU-RESISC45 数据集上展开实验，并对比多种实验结果来验证本章方法的有效性。

5.1　模 型 构 建

5.1.1　k 最近邻

k 最近邻（k nearest neighbors，KNN）算法（Kramer，2011）是一种监督学习的分类方法，算法的核心思想是在特征空间中根据待分样本最近邻的几个样本的类别来判定该样本的类别，类似于生活中的投票机制。这种依靠近邻样本而不是靠直接判别类域的方法适合类域重叠或交叉较多的数据集。

5.1.2　近邻成分分析

KNN 算法两个很重要的问题就是 k 值的选择和距离度量方式的选择。其中 k 值可以通过交叉验证来看模型在验证集上的效果，从而启发式地选择最终的 k 值，而距离度量通常选择的是欧氏距离，但欧氏距离并不能很好地适用所有类型，因此让模型自动地学习一种距离是很有必要的，近邻成分分析（neighbourhood component analysis，NCA）方法就是在此基础上提出来的，是与 KNN 算法相关联的距离度量学习和降维算法。传统 KNN 分类器采用的是投票法，通过统计当前样本最近的 k 个样本点的类别来对该样本的类别进行预测，NCA 方法将投票法改为"概率投票法"。算法主要思想如下。

给定训练集 T 中的一对图像样本 (x_i, x_j)，它们在度量空间中的相似性 s_{ij} 可以用余弦相似度来表示：

$$s_{ij} = \cos\phi = \frac{\boldsymbol{v}_i^{\mathrm{T}}}{|\boldsymbol{v}_i \| \boldsymbol{v}_j|} = \boldsymbol{v}_i^{\mathrm{T}} \boldsymbol{v}_j \tag{5.1}$$

式中：ϕ 为余弦角度，$\boldsymbol{v}_i$ 和 $\boldsymbol{v}_j$ 为经过 L2 标准化处理。则在度量空间中图像样本 x_i 选择图像样本 x_j 作为其近邻的概率为 p_{ij}，近邻关系表示这两个图像的标签一致即属于同一个类别。概率的计算公式为

$$p_{ij} = \frac{\exp(s_{ij}/\sigma)}{\sum\limits_{k \neq i} \exp(s_{ik}/\sigma)}, \quad p_{ii} = 0 \tag{5.2}$$

式中：σ 为控制样本分布的超参数；当 $i = j$ 时，$p_{ij} = 0$ 表示每个图像不能在度量空间中选择自己作为自己的近邻；当 $i \neq j$ 时，p_{ij} 表示样本 x_j 在度量空间中被选作样本 x_i 近邻的概率。由式（5.2）可知，图像 x_i 和 x_j 之间的相似性 s_{ij} 越高，x_j 在度量空间中被选作 x_i 的近邻即两者属于同一类的概率越大。则样本 x_i 能被正确分类的概率为

$$p_i = \sum_{j \in \Omega_i} p_{ij} \tag{5.3}$$

式中：Ω 为与 x_i 属于同一类的所有训练集样本，用 x_j 表示。直观来看，如果在度量空间中更多训练集样本 x_j 被选择作为 x_i 的近邻，则图像 x_i 可以有更高的概率被正确分类。接着 NCA 方法的目标是最小化下面函数式：

$$J = -\frac{1}{|T|} \sum_i \log_2 p_i \tag{5.4}$$

对式（5.4）求梯度可得

$$\frac{\partial J_i}{\partial v_i} = \frac{1}{\sigma} \sum_k p_{ik} v_k - \frac{1}{\sigma} \sum_{k \in \Omega_i} \tilde{p}_{ik} v_k \tag{5.5}$$

$$\frac{\partial J_i}{\partial v_j} = \begin{cases} \dfrac{1}{\sigma}(p_{ij} - \tilde{p}_{ij}) v_i \\ \dfrac{1}{\sigma} p_{ij} v_i, \quad j \notin \Omega_i \end{cases} \tag{5.6}$$

$$\tilde{p}_{ik} = \frac{p_{ik}}{\sum\limits_{j \in \Omega_i} p_{ij}} \tag{5.7}$$

式（5.7）表示真实类别标签的归一化分布，NCA 损失函数有利于发现类别标签在度量空间中的领域结构，并且这种领域结构受类内变化影响较小。

5.1.3 可扩展近邻成分分析

NCA 方法主要是对样本之间的相关性进行计算，属于非参数方法的一种。该方法采用留一法来进行训练，简单来讲就是假设数据集中有 N 个样本，每次挑选一个样本单独作为测试集，其余 $N-1$ 个样本作为训练集，这样得到 N 个分类器或模型，最后对这 N 个分类器的验证误差求均值。由此可见整个数据集的特征需要在优化的每一步都进行计算，这使得它的计算成本非常昂贵，无法适用于大规模数据集和深层的神经网络，在此基础上本章采取可扩展近邻成分分析（scalable neighborhood component analysis，SNCA）（Wu et al.，2018）。SNCA 是基于 NCA 方法提出的，算法的核心思想是先通过卷积神经网络进行特征提取，然后将图像特征嵌入低维特征空间，其中图像的距离度量根据 NCA 准则保存分类标签的领域结构。此外在求梯度时为了简化计算只计算式（5.5），不计算式（5.6），然而式（5.5）的梯度仍然需要嵌入整个数据集，这对于每个小批量处理更新来说都是非常昂贵的，SNCA 在此基础上引入了外部扩充存储器用来进行近似化的嵌入。具体实现细节是先将整个数据集的特征表示用外部扩充存储器保存起来，假设当前正在开始第 $t+1$ 次迭代，网络参数为 $\theta^{(t)}$，存储为 $M^{(t)} = \{v_1^{(t)}, v_2^{(t)}, \cdots, v_n^{(t)}\}$，因为 $M^{(t)}$ 每次都随着迭代而不断地更新，则可以近似地认为 $v_i^{(t)} \approx f_{\theta^{(t)}}(x_i), i = 1, 2, 3, \cdots, n$，则式（5.5）可以近似为

$$\frac{\partial J_i}{\partial v_i} = \frac{1}{\sigma} \sum_k p_{ik} v_k^{(t)} - \frac{1}{\sigma} \sum_{k \in \Omega_i} \tilde{p}_{ik} v_k^{(t)} \tag{5.8}$$

这样网络参数 θ 的梯度就可以得到如下更新：

$$\frac{\partial J_i}{\partial \theta} = \frac{\partial J_i}{\partial v_i} \frac{\partial v_i}{\partial \theta} \tag{5.9}$$

另外每次计算完 v_i，对扩充存储器进行如下更新：

$$v_i^{(t+1)} \leftarrow m v_i^{(t)} + (1-m) v_i \tag{5.10}$$

这样网络可以以相对较少的计算代价完成这个训练过程。

此外本章在 SNCA 方法的基础上引入交叉熵损失函数，该函数旨在计算模型输出分布与实际分布之间的距离，在分类方面，交叉熵损失被定义为

$$L_{\mathrm{CE}} = -\frac{1}{|T|} \sum_i \sum_c y_i^c \log_2 p_i^c \tag{5.11}$$

$$p_i^c = \frac{\exp(W_c^{\mathrm{T}} v_i)}{\sum_j \exp(W_j^{\mathrm{T}} v_i)} \tag{5.12}$$

式中：p_i^c 为样本 x_i 被正确分类成类别 c 的概率；W_c 为从类别 c 学习的权重，最小化式（5.11）实际上就是使用权重向量 W_c 将属于类别 c 的图像聚齐的过程，在这种情况下，属于不同类别的图像就可以被区分开来。

本章结合这两个损失函数提出一种新的联合损失函数 SNCA-CE，定义为

$$L = L_{\text{CE}} + \lambda L_{\text{SNCA}} \tag{5.13}$$

式中：L 为联合损失函数；λ 为控制这两个项之间平衡的惩罚参数。

总之，SNCA 方法在 NCA 方法基础上大大降低了计算代价，两者都可以发现类别标签在度量空间上的领域结构，并且这种结构受数据集类内变化影响较小。交叉熵损失函数让图像样本特征与其对应的类中心对齐，让不同类的特征尽量远离，增加特征的可区分性，有利于解决类间相似性和类内多样性带来的问题。

5.1.4 基于深度度量学习的遥感影像场景分类网络

第 4 章通过实验证明了 HRNet 的特征提取能力，本章仍将 HRNet 作为特征提取的主干网络，网络的结构和超参数保持不变。在此基础上，将 SNCA-CE 代替传统的交叉熵损失函数，提出基于深度度量学习的遥感影像场景分类网络。如图 5.3 所示，整个分类流程为：先将遥感影像输入 HRNet 来提取高质量的特征信息，然后基于深度度量学习的思想，在交叉熵损失函数的基础上添加可扩展近邻成分分析（SNCA）损失函数构建新的联合损失函数（SNCA-CE），接着将提取到的特征映射到低维稠密的度量空间，该空间很好地保留了分类标签的领域结构，有利于增强特征的可区分性，最后结合 KNN 分类器输出分类结果。

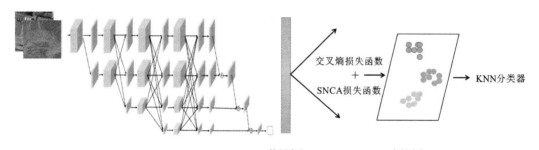

图 5.3　基于深度度量学习的遥感影像场景分类网络示意图

5.2　实　验　设　置

由于类间相似性和类内多样性的问题在类别和数量较多的遥感影像场景数据集中更突出，所以本章在 30 个场景类别的 AID 数据集和 45 个场景类别的 NWPU-RESISC45 数据集上进行对比实验。

本章实验的软硬件环境及数据集的预处理方法与第 3 章相同，软硬件环境可见表 4.2。在数据集划分方面，为了与以往方法的结果进行对比，本章只采用一种划分比例，其中 AID 数据集的训练比例为 50%，剩余的作为测试集。NWPU-RESISC45 数据集的训练比例为 20%，剩余的作为测试集。网络模型的参数设置如表 5.1 所示，网络初始学习率设置为 0.01，每隔 20 epoch 学习率衰减为原来的 50%。联合损失函数 λ 取值设置为 1，σ 取值为 0.05。

表 5.1　实验参数设置

参数	数值
初始学习率	0.01
权重衰减因子	0.000 5
batch_size	96
λ	1
σ	0.05
epoch	100

5.3　实验结果与分析

5.3.1　AID 数据集实验结果与分析

为了验证所提方法的有效性，本章将该方法与其他几种基于深度度量学习的遥感影像场景分类方法进行了比较，包括 D-CNN（Kang et al.，2020）和 Triplet loss（Kang et al.，2020）。表 5.2 展示了 k 取 1、5、10 时不同方法在 AID 数据集上的分类精度。由表可知，SNCA-CE 和 SNCA 方法的性能远超 Triplet loss 和 D-CNN 方法。相比之下，SNCA-CE 可以获得更准确的性能，比 SNCA 提高 0.5%～1.0%。这说明交叉熵损失函数的引入可以提高 KNN 分类器的分类精度。

表 5.2　$k = 1$、5、10 时 KNN 分类器在 AID 数据集上分类精度　　（单位：%）

方法	分类精度		
	$k = 1$	$k = 5$	$k = 10$
SNCA-CE	95.31	95.91	96.74
SNCA	95.17	95.31	95.11
Triplet loss	92.85	93.10	93.25
D-CNN	93.10	93.70	93.75

表 5.3 展示了当 $k = 10$ 时不同方法在 AID 测试集上每个场景类别的分类精度，其中每类场景中分类精度最高的结果用黑体显示。由表可知，SNCA-CE 和 SNCA 方法

优于 D-CNN 和 Triplet loss 方法，其中 SNCA-CE 方法在大部分类别上都取得最优的分类效果，在一些难分的类别上表现也优于 SNCA，例如在中心区、工业区场景类别上 SNCA-CE 的分类精度相对 SNCA 方法提高了 5%左右。在公园场景类别上 SNCA-CE 分类精度相对 SNCA 提高了 7%左右。在学校场景类别上 SNCA-CE 相对 SNCA 提高了 6%左右，说明交叉熵损失函数的引入可以改善一些难分类别的分类效果。第 3 章实验结果显示 SEHRNet 在度假区场景上的分类精度只有 64%，本章所提的 SNCA-CE 方法取得了 71%以上的精度，至少提高了 7%左右，整体分类精度相比 SEHRNet 方法也有所提升。

表 5.3 $k = 10$ 时不同方法在 AID 测试集上每类的分类精度 （单位：%）

场景类别	分类精度			
	SNCA-CE	SNCA	D-CNN	Triplet loss
机场	**98.15**	98.14	94.52	95.17
裸地	91.30	91.30	**95.93**	94.49
棒球场	96.97	**100.00**	95.56	92.47
中心区	**94.87**	89.74	88.46	85.71
教堂	**91.66**	88.88	88.66	88.17
商业区	92.93	94.23	**95.10**	93.71
密集住宅区	**98.36**	95.08	93.33	94.55
沙漠	97.78	**100.00**	96.61	93.33
农田	**100.00**	100.00	97.96	97.99
草地	**100.00**	97.61	98.21	99.10
中密度住宅区	**97.87**	97.67	94.83	92.04
公园	**84.62**	76.92	82.99	83.33
海滩	98.83	**100.00**	98.16	97.50
森林	94.59	**100.00**	100.00	100.00
工业区	**94.83**	89.65	93.75	92.31
停车场	**100.00**	98.27	99.35	99.35
操场	**98.42**	98.18	92.81	92.00
池塘	**100.00**	100.00	97.01	97.04
港口	**98.25**	98.24	93.42	92.31
运河桥	**100.00**	98.14	95.77	97.18
山脉	**100.00**	100.00	100.00	100.00

场景类别	分类精度			
	SNCA-CE	SNCA	D-CNN	Triplet loss
火车站	**97.57**	97.43	93.20	93.07
度假区	71.49	**72.09**	71.70	70.37
河流	**100.00**	**100.00**	96.34	96.93
学校	**91.11**	84.44	80.67	75.21
稀疏住宅区	**100.00**	**100.00**	98.33	98.33
广场	**89.80**	85.71	83.33	85.27
体育场	93.02	93.02	92.31	**93.58**
储油罐	**98.15**	96.29	95.83	96.50
高架桥	**98.41**	96.82	98.25	98.25

为了更好地理解度量空间中的特征学习情况，采用 t 分布随机嵌入算法（t-SNE）对特征进行降维并在二维空间生成可视化投影，这样可以观察到具体的特征分布情况。图 5.4 展示了 $k=10$ 时 AID 数据集的二维特征可视化图，由图可知，只使用传统交叉熵损失函数类内特征比较分散且类间特征的可区分性不足，引入 SNCA 方法后类内特征更加紧凑，类间特征更加分离，提高了特征的可区分性。

（a）交叉熵损失函数　　　　　　　　　　　（b）SNCA-CE联合损失函数

图 5.4　AID 数据集二维特征可视化图

5.3.2　NWPU-RESISC45 数据集实验结果与分析

表 5.4 展示了 k 取 1、5、10 时不同方法在 NWPU-RESISC45 测试集上的分类精度。当 k 取 10 和 5 时各个模型的分类精度达到最高，当 $k=10$ 时 SNCA-CE 的分类精度达

到了 94%以上，比 SNCA 方法提高了 1.48%，说明交叉熵损失函数的引入可以改善 KNN 分类器的分类效果。此外当 $k=10$ 时，SNCA-CE 的分类精度比 Triplet loss 方法高出 3.14%，比 D-CNN 方法高出 3.09%。

表 5.4　比对 $k=1$、5、10 时不同方法在 NWPU-RESISC45 测试集上的分类精度（单位：%）

方法	分类精度		
	$k=1$	$k=5$	$k=10$
SNCA-CE	93.14	93.68	94.57
SNCA	92.52	92.57	93.09
Triplet loss	90.83	91.46	91.43
D-CNN	91.21	91.62	91.48

表 5.5 展示了当 $k=10$ 时不同方法在 NWPU-RESISC45 测试集上的每类分类精度，其中每类场景中分类精度最高的结果用黑体显示。由表可知，与 SNCA、Triplet loss 和 D-CNN 方法相比，SNCA-CE 在大部分场景类别上分类精度都达到了最高，例如在中密度住宅区场景上，SNCA-CE 方法分类精度相比 SNCA 方法提高 11.57%，比 D-CNN 方法提高 9.60%，比 Triplet loss 方法提高了 12.38%；在露台场景上 SNCA-CE 方法相比其他三种方法提高 5%左右。整体来讲，SNCA-CE 和 SNCA 的分类性能优于 D-CNN 和 Triplet loss。第 3 章 SEHRNet 方法在教堂场景上的分类精度只有 65%，宫殿场景的分类精度只有 72%，本章所提 SNCA-CE 方法在教堂场景上的分类精度达到 78.57%，在宫殿场景上的分类精度达到 74.29%。由此可见，相比 SEHRNet 方法，本章提出的 SNCA-CE 在这些难分的场景类别上都有不同程度的精度提升，在一定程度上缓解了类内多样性和类间相似性带来的错分现象，整体分类效果也有所改善。

表 5.5　$k=10$ 时不同方法在 NWPU-RESISC45 测试集上每类的分类精度　（单位：%）

场景类别	分类精度			
	SNCA-CE	SNCA	D-CNN	Triplet loss
飞机	**97.02**	95.68	96.82	96.86
机场	**92.86**	92.13	91.84	92.15
棒球场	98.57	**98.89**	95.00	94.58
篮球场	92.86	**96.30**	92.59	92.94
海滩	**97.14**	95.67	94.62	96.77
运河桥	94.29	93.42	94.58	**95.68**
跑道	88.57	**93.18**	90.97	91.58

场景类别	分类精度			
	SNCA-CE	SNCA	D-CNN	Triplet loss
圆形农田	**100.00**	98.21	98.21	98.19
灌木丛	**100.00**	98.59	97.90	98.94
云朵	**100.00**	96.85	97.20	96.55
商业区	**90.06**	89.54	85.22	81.12
沙漠	92.68	91.81	91.51	**93.43**
森林	**98.57**	95.16	94.48	93.52
高速公路	**88.59**	88.24	84.53	87.46
环形交叉路口	**97.14**	94.07	95.24	95.00
密集住宅区	91.43	**91.59**	88.00	87.63
高尔夫球场	**97.14**	95.44	95.68	96.38
操场	97.14	**97.16**	96.17	96.73
港口	98.37	**98.58**	98.22	98.56
工业区	**88.57**	87.11	85.02	85.51
交叉路口	**95.71**	94.37	88.36	92.68
岛屿	**97.14**	95.58	95.41	94.37
湖泊	**92.86**	91.64	90.78	92.25
草地	**94.29**	92.80	91.45	90.39
中密度住宅区	**95.71**	84.14	86.11	83.33
移动房车场	94.29	**95.05**	93.57	92.25
山脉	**95.71**	92.43	88.05	91.29
立交桥	**97.14**	94.52	93.62	92.58
宫殿	**74.29**	73.22	72.66	67.18
停车场	**97.14**	96.89	94.44	95.71
铁路	91.43	**91.61**	85.31	81.94
火车站	**89.93**	86.34	86.93	83.87
矩形农田	**90.65**	89.84	90.32	89.21
河流	**92.43**	90.16	88.89	90.04
教堂	**78.57**	74.48	72.46	71.33

场景类别	分类精度			
	SNCA-CE	SNCA	D-CNN	Triplet loss
海冰	**100.00**	97.45	97.83	97.10
船舶	90.00	93.07	92.81	**94.44**
雪地	94.29	**96.10**	96.00	96.00
稀疏住宅区	**97.14**	95.96	95.80	96.03
体育场	**98.57**	96.16	95.71	93.75
储油罐	97.14	**97.77**	95.65	95.68
网球场	**94.29**	92.69	90.91	92.91
露台	**95.71**	90.03	90.94	90.39
火力发电站	90.80	90.39	90.44	**91.91**
湿地	86.71	84.33	86.79	**86.92**

图 5.5 展示 $k = 10$ 时 NWPU-RESISC45 数据集的二维特征可视化图。与 AID 数据集类似，引入 SNCA 方法后特征在二维空间的分布表现出类内特征更加紧凑和类间特征更加分离，特征更具有可辨别性，有利于改善分类效果。

（a）交叉熵损失函数　　　　　　　　　（b）SNCA方法和交叉熵的联合损失函数

图 5.5　NWPU-RESISC45 数据集二维特征可视化图

第6章 基于自适应学习的遥感影像场景分类

近年来卷积神经网络在遥感影像场景分类精度上有了显著的提升，也成为遥感影像场景分类的主流方法，然而大部分网络模型并没有针对实际应用来设计，存在计算量大、结构复杂、内存占用大等问题，而现实中经常存在计算资源有限或者时间有限等情况，将这些模型推广到实际应用中还有一定的困难。因此如何在不同计算资源限制场景下，让网络模型能够合理分配计算资源，尽可能地提高模型的精确度与性能是一个值得研究的现实问题，具有很高的实用价值。

针对以上问题，本章提出一种基于自适应学习的遥感影像场景分类方法，该方法包括多个分类器，简单的场景影像可以直接从浅层分类器输出分类结果，而复杂的场景可以在网络中更深的分类器上进一步处理，能够考虑场景分类难易程度和所处语义层次，实现网络对数据的自动适应。在模型性能方面，为了做到在不同计算资源限制下都能取得不错的分类效果，对模型设置了两种实验条件限制。一种是预算批分类（budget batch classification），在给定的计算资源下，对一批影像进行分类，这批影像既有简单类型也有难分类型，对简单的影像做快速的决策，提前退出网络，对难分的影像进一步进行特征提取得到分类结果。这样做的目的是合理分配计算资源，使网络模型取得最优的分类效果。另一种是实时预测（anytime predication），给定一张测试影像和一定的计算资源，当计算资源耗尽时，网络模型可以及时地输出分类结果，避免之前的计算无效。最后在两大公开数据集上进行实验来验证本章方法的有效性。

6.1 模 型 构 建

6.1.1 多尺度密集连接网络

以往基于深度学习的遥感影像场景分类方法在分类过程中往往采用计算密集型的模型来处理一些难分的样本，这些模型对计算资源的需求比较大，而且使用固定的模型来提取影像特征，即对不同的场景类别一视同仁，然而遥感影像场景的分类难度在不同的场景类别之间差异很大，例如：沙漠场景具有简单的纹理且易于分类，可以用简单的网络来处理；而工业区场景就比较复杂，需要复杂的计算密集型网络来进行特征提取和分类。然而将这些复杂的网络应用到像沙漠这样简单的场景显然是浪费计算资源，甚至可能会出现过拟合现象。实际应用中的计算资源可能没有实验室那么丰富，为了考虑不同的应用场景，需要在计算资源有限的情况下对不同的影像进行不同处理，对简单样本采用简单的方式处理，对复杂样本则尽可能给其分配资源，以避免不必要的资源浪费，节省计算量。

基于以上推理，本章探讨一种新的网络框架：多尺度密集卷积网络（multi-scale dense convolutional networks，MSDNet）。MSDNet（Huang et al.，2017a）包括多个分类器，简单的场景影像满足一定条件可以直接从浅层分类器输出分类结果，而复杂的场景影像可以在网络中进行更深一步的特征提取。该模型能考虑场景分类难易程度和所处语义层次，实现网络对数据的自动适应。然而在网络中直接插入多个分类会带来两个问题。①传统的神经网络在前面几层卷积层学习精细特征，在后面学习粗尺度特征，而最后一层的粗尺度特征具有抽象语义信息，对分类任务指导意义更大。浅层分类器缺乏粗尺度特征可能会产生较差的分类效果。针对该问题可以使用多尺度特征映射来解决，网络设计成多尺度并行连接结构。通过下采样来获取较粗尺度的特征图，不同尺度的特征图之间通过卷积、带步长的卷积及跳跃连接拼接在一起，所有中间分类器只使用粗粒度特征。②浅层分类器的添加会干扰深层的分类器。加入浅层分类器后神经网络提取的特征倾向于在浅层分类器前进行短期的优化而不是在网络最后几层进行优化，这种优化可以提高浅层或中间分类器的精度，但导致后面几层网络无法生成高质量的特征。当第一个分类器连接到更早的网络层时，这种效果变得更加明显。因此需要采用一种合适的特征连接方式。针对该问题，MSDNet 采用密集连接方式将所有的网络层与全部的分类器相连，浅层特征可以直接与后续层密集连接，前面层因产生短期特征会丢失部分信息，这部分信息可以通过与后续层的直接相连得到恢复，所以后面的分类器受到的影响不大，最终分类器的输出大致与中间分类器相对独立。

MSDNet 结构如图 6.1（Huang et al.，2017a）所示，每一列代表网络的一层，每一行代表网络的一个尺度。下面将从网络的尺度结构、深度结构、分类器和损失函数4 个方面详细地介绍网络结构。

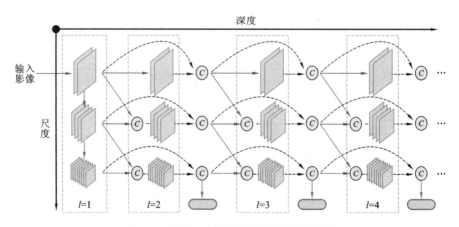

图 6.1　多尺度密集卷积网络结构示意图

（1）多尺度密集卷积网络的尺度结构。不同尺度的信息具有不同层次的特征表示能力，充分利用多尺度信息对遥感影像场景分类具有重要意义。图 6.2 展示了 MSDNet的三个尺度信息。如图所示，n 代表网络的层数，与 HRNet 不同，MSDNet 在第一阶段就生成了三个尺度的特征图，接着后续层生成的特征图是前一层同尺度特征图和上一个尺度特征图的结合。此外图 6.2 中水平箭头表示常规的卷积操作，换言之网络在同一尺度上执行常规卷积操作提取特征信息。对角线和垂直箭头表示带步长卷积所执行的下采样操作，在垂直方向上使特征由细到粗，具有不同的尺度。这样网络垂直连接产生粗尺度特征，水平连接则保留了遥感影像场景的高分辨率信息，这样有利于为后续粗尺度特征层补充丰富细节纹理信息，便于遥感影像场景分类。

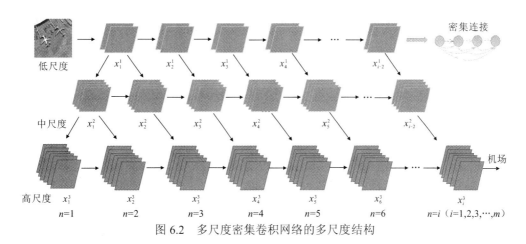

图 6.2　多尺度密集卷积网络的多尺度结构

表 6.1 展示了图 6.2 特征融合的细节，x_n^s 为在第 n 层且尺度为 s 的特征图，h_n^s 为常规的卷积操作，$\tilde{h}_n^s$ 为带步长卷积的下采样操作，符号 $[\cdots]$ 为级联聚合操作。后续层的每个特征映射都是由不同尺度的特征级联组成的。例如低尺度特征图 x_1^1 进行下采样得到中尺度特征图 x_1^2。中尺度特征图 x_2^2 是由前一层中尺度 x_1^2 和上一层低尺度特征图 x_1^1 进行信息融合得到的，而在水平方向上，特征图 x_2^1 由相同尺度的 x_1^1 通过常规卷积生成，以此类推，通过这种方式可以聚合不同尺度的特征映射。

表 6.1　多尺度结构对应的特征融合表

x_n^s	$n = 1$	$n = 2$	$n = 3$	$n = 4$	$\cdots$	$n = i$
$s = 1$	$h_1^1(x_0^1)$	$h_2^1(x_1^1)$	$h_3^1(x_1^1, x_2^1)$	$h_4^1(x_1^1, x_2^1, x_3^1)$		
$s = 2$	$\tilde{h}_1^2(x_1^1)$	$\begin{array}{c}\tilde{h}_2^2([x_1^1])\\h_2^2([x_1^2])\end{array}$	$\begin{array}{c}\tilde{h}_3^2([x_1^1, x_2^1])\\h_3^2([x_1^2, x_2^2])\end{array}$	$\begin{array}{c}\tilde{h}_4^2([x_1^1, x_2^1, x_3^1])\\h_4^2([x_1^2, x_2^2, x_3^2])\end{array}$	$\cdots$	
$s = 3$	$\tilde{h}_1^3(x_1^2)$	$\begin{array}{c}\tilde{h}_2^3([x_1^2])\\h_2^3([x_1^3])\end{array}$	$\begin{array}{c}\tilde{h}_3^3([x_1^2, x_2^2])\\h_3^3([x_1^3, x_2^3])\end{array}$	$\begin{array}{c}\tilde{h}_4^3([x_1^2, x_2^2, x_3^2])\\h_4^3([x_1^3, x_2^3, x_3^3])\end{array}$		$\begin{array}{c}\tilde{h}_i^3([x_1^2, x_2^2, \cdots, x_{i-1}^2])\\h_i^3([x_1^3, x_2^3, \cdots, x_{i-1}^3])\end{array}$

（2）多尺度密集卷积网络的深度结构。由于网络学习过程是渐进的，即使使用跳跃连接，特征也往往在卷积过程中丢失。此外，随着网络深度的增加，网络复杂度和训练参数也大大增加。因此，对于遥感影像场景分类而言，训练时间往往较长，收敛速度较慢。此外当多层传输到达网络终端时，如果网络结构太深，则输入信息和梯度趋于消失。因此，在设计网络结构时，必须注意采取适当的特征聚合方法。MSDNet

在水平方向采用 DenseNet 的密集连接来构建网络框架，通过直接密集连接所有卷积层，每层网络接收来自浅层的信息作为输入，然后将自己的特征映射到后续层，这样保证不同层间的最大信息传递。

（3）多尺度密集卷积网络的多分类器。为了实现对不同复杂度影像特征的分层次输出，网络从一定深度开始，每层设置一个中间分类器。第 n 层的分类器只与粗尺度特征相连并且利用之前所有层的特征。每个分类器包括两个卷积层：一个平均池化层和一个线性层。

（4）多尺度密集卷积网络的损失函数。在训练过程中所有分类器使用交叉熵作为损失函数，最终的损失函数如式（6.1）所示，由各个分类器损失函数的加权求和组成。

$$ \text{loss} = \frac{1}{|D|} \sum_{(x,y) \in D} \sum_{k} W_k L(f_k) \tag{6.1} $$

式中：D 为训练集；W_k 为第 k 个分类器的权重；$L(f_k)$ 为交叉熵损失函数。根据经验，对所有损失函数使用相同的权重在实践中效果很好。

6.1.2　基于自适应学习的遥感影像场景分类网络

MSDNet 以 DenseNet 为基础网络能提取遥感影像场景丰富的空间信息，然而遥感场景影像空间信息丰富，背景复杂，一些干扰的背景特征会对遥感影像场景分类造成负面影响。本章在第 3 章的研究基础上，通过将 SE 模块嵌入 MSDNet 的深度结构，提出基于自适应学习的遥感影像场景分类网络——SEMSDNet。如图 6.3 所示，该网络一共有 20 层、5 个分类器和 3 个尺度，由于篇幅原因只画出了前 3 个分类器。网络的每一列代表一层，每一行代表一个尺度。在每一行上由常规卷积生成特征图，在每一列上由跨步卷积生成下一个尺度的特征图。

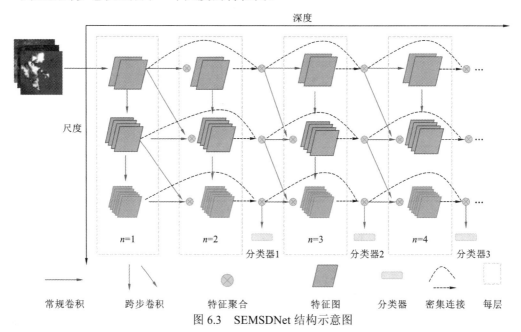

图 6.3　SEMSDNet 结构示意图

图 6.4 展示了 SEMSDNet 的深度结构，即水平方向上的网络结构，展示了将 SE 模块嵌入 MSDNet 的骨干网络 DensNet 中的具体细节。由图 6.4 可知，将 SE 模块看作整体结构中的一层，在每个密集块（dense block）的 3×3 卷积后面插入 SE 模块。通过这种融合结构，网络模型一方面可以提高遥感场景影像的信息流传递，获得遥感影像场景特征的健壮性表示，另一方面可以自适应地学习每个特征通道的权重，并根据权重大小来放大有效特征和抑制无关特征，提高特征的表达能力。下面将通过在两大公开场景数据集上进行实验来证明本章方法的有效性。

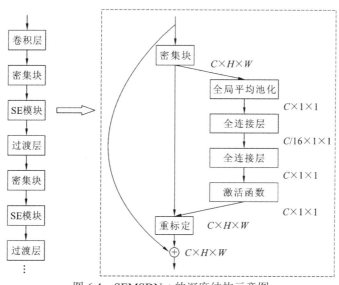

图 6.4　SEMSDNet 的深度结构示意图

6.2　模型性能优化

为了让网络更合理地分配计算资源，考虑在网络上施加两种关于计算量的约束设置，分别为预算批分类和实时预测。

6.2.1　预算批分类

为了能在计算资源有限的情况下得到不错的分类效果，给一个批次的图像样本分配一个固定的计算资源，可以自适应地让该批次内的简单样本少使用一些资源，复杂样本多使用一些资源。在训练之前定义一个表示网络运行到第 k 个分类器需要的计算成本 C_k，同时定义固定的退出概率 q，表示图像样本有 q 的概率在某个分类器固定输出结果，假设 q 在所有层都是一个常量，这样图像样本在第 k 个分类器输出的概率为

$$q_k = z(1-q)^{k-1}q \qquad (6.2)$$

式中：z 为归一化参数，使 $\sum_k p(q_k) = 1$，即每个分类器退出的概率之和为 1。在测试时还需要保证所有样本的计算开销不超过规定的总计算资源 B，即约束条件 $|D_{\text{test}}| \sum_k q_k C_k \leqslant B$，这样就确定了 q 的约束，此外还预先确定一个阈值 θ_k，若样本在某一个分类器预测置信度超过这个阈值就输出分类结果，则大约有 $|D_{\text{test}}| q_k$ 个样本在第 k 个分类器输出分类结果。

通过上述设置，可以在计算资源有限的情况下根据图像难易程度动态分配资源，设计算资源总限制为 B，一个批次包含 M 张图像，简单图像样本所分配的资源应该小于 B/M，复杂图像样本应该大于 B/M。计算资源总限制 B 可以预先人为设定。

6.2.2 实时预测

与预算批分类设置不同，在实时预测设置中，对每个测试图像都分配一个有限的计算资源限制 B，这个计算资源是不确定的，每个测试图像的资源 B 都有可能不同，相当于每次给模型输入一张图像并分配一个计算资源，当计算资源耗尽时模型立即输出结果，也可以理解为在有限的时间内输出分类结果。假设这个预算 B 是符合某个联合概率分布 $P(x, B)$，一些特殊情况中 $P(B)$ 独立于 $P(x)$ 并且可以被估计，如果事件满足泊松分布，则 $P(B)$ 代表指数分布，设 $f(x)$ 为模型的损失函数，则网络模型必须在计算预算 B 范围内给出测试样本 x 的预测值，用 $L(f(x), B)$ 表示，实时预测的目标是在预算分配下最大程度地减少损失的期望值 $L(f) = E[L(f(x), B)]_{p(x,B)}$，$L(x)$ 表示适当的损失函数，按照经验风险最小理论，$P(x, B)$ 下的期望可以通过对的样本进行平均来估计。这样网络可以在任何给定的时间点输出相对最优的预测结果。

6.3 实 验 设 置

为了验证基于自适应学习的遥感影像场景分类方法的效果，本章实验采用的是第 3 章提到的 AID 数据集和 NWPU-RESISC45 数据集。

将数据集通过数据增广的方式进行扩增，并且训练比例保持不变。网络训练时超参数设置如表 6.2 所示。网络模型的初始学习率设置为 0.01 并且每 20 epoch 衰减为原来的 10%，训练批次大小设置为 128，采用随机梯度下降进行优化。网络超参数中 block 设置为 5，代表有 5 个分类器，网络层数设置为 20，growthRate 设置为 6，表示每层的输出通道数为 6。

表 6.2　实验参数设置

参数	数值
初始学习率	0.01
权重衰减因子	0.000 4
优化器	随机梯度下降
网络层数	20
momentum	0.9
batch_size	128
epoch	120
growthRate	6
block	5

注：momentum 为动量；growthRate 为生长率；block 为块

6.4　实验结果与分析

6.4.1　AID 数据集实验结果与分析

表 6.3 展示了 SEMSDNet 和目前经典分类方法在 AID 数据集上的实验对比结果。当训练比例为 50% 时，SEMSDNet 的分类精度达到 96.11%，超过经典分类算法，取得最高的分类精度。当训练比例为 20% 时，SEMSDNet 的分类精度达到 93.42%，也达到同比例最优分类效果。这说明本章提出的 SEMSDNet 方法在 AID 数据集上具有较好的分类性能。

表 6.3　不同场景分类方法在 AID 数据集上的分类精度　　　　（单位：%）

方法	分类精度	
	50%训练比例	20%训练比例
CaffeNet	89.53±0.31	86.86±0.47
GoogleNet	86.39±0.55	83.44±0.40
VGG-16	89.64±0.36	86.59±0.29
salM3LBP-CLM	89.76±0.45	86.92±0.35
Fusion by addition	91.87±0.36	—
TEX-Net-LF	92.96±0.18	90.87±0.11
VGG-16-CapsNet	94.74±0.17	91.63±0.19
TwoStream Fusion	94.58±0.25	92.32±0.41
SEMSDNet	**96.11±0.17**	**93.42±0.22**

图 6.5 展示了 SEMSDNet 在 AID 测试集上的混淆矩阵,对角线上数字表示每个类别的预测准确率,其余位置数字表示应对的错分率。可以看出,SEMSDNet 模型在 AID 数据集上整体分类性能不错,17 类场景的分类准确率达到 100%,8 类场景的分类准确率达到 90%以上。裸地、棒球场、中心区、度假区和学校 5 类场景的分类准确率比较低,分别是 87%、86%、89%、65%和 82%,均低于 90%,其中度假区的分类准确率低于 70%并影响最终整体分类精度。裸地场景分类准确率只能达到 87%是因为该类场景的某些样本易被误分为沙漠和草地;棒球场场景某些样本被误分为操场、学校和体育场;中心区场景某些样本被错分为广场;度假区场景某些样本被误分为工业区、池塘、广场、教堂和港口;学校场景某些样本被误分为公园和广场。主要原因是这些场景之间在纹理或结构上存在相似之处,容易出现混淆现象。

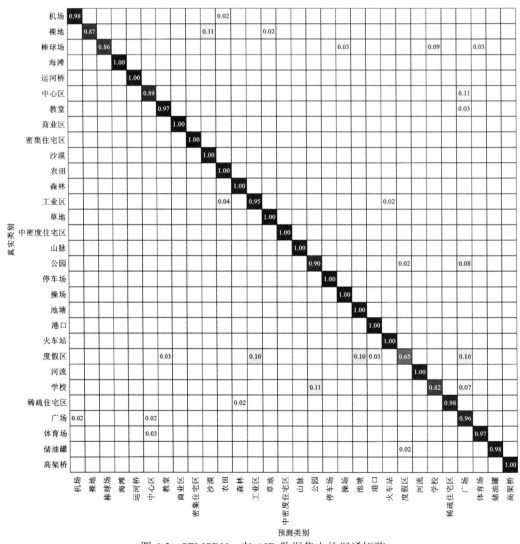

图 6.5　SEMSDNet 在 AID 数据集上的混淆矩阵

6.4.2 NWPU-RESISC45 数据集实验结果与分析

表 6.4 展示了 SEMSDNet 模型和其他经典方法在 NWPU-RESISC45 数据集上的对比结果。当训练比例为 20%时，SEMSDNet 的分类精度达到 93.89%，取得了同比例最好的分类效果。当训练比例为 10%时，SEMSDNet 的分类精度达到 91.68%，在训练率较小的情况下仍取得最优的分类效果。对比实验结果表明本章提出的 SEMSDNet 方法在 NWPU-RESISC45 数据集上具有较好的分类性能，能有效地提升卷积神经网络对遥感影像场景的识别能力，分类效果要优于其他传统经典方法。

表 6.4　不同场景分类方法在 NWPU-RESISC45 数据集上的分类精度　　　（单位：%）

方法	分类精度	
	20%训练比例	10%训练比例
AlexNet	79.85±0.13	76.69±0.21
VGG-16	79.79±0.15	76.47±0.18
GoogleNet	78.48±0.26	76.19±0.38
TwoStream Fusion	83.16±0.18	80.22±0.22
BoCF	83.16±0.18	82.65±0.31
Fine-tuned AlexNet	85.16±0.18	81.22±0.19
Finetuned GoogLeNet	86.02±0.18	82.57±0.12
Fine-tuned VGG-16	90.36±0.18	87.15±0.45
Triplet network	92.33±0.20	—
D-CNN	91.89±0.22	89.22±0.50
SEMSDNet	**93.89±0.13**	**91.68±0.25**

当训练比例为 20%时，SEMSDNet 模型在 NWPU-RESISC45 数据集上的混淆矩阵如图 6.6 所示。由图可知，SEMSDNet 方法在 NWPU-RESISC45 数据集上整体分类效果不错，有 7 类场景分类准确率达到 100%，27 类场景分类准确率达到 90%以上，9 类场景分类准确率达到 80%以上，剩下 2 类的分类准确率低于 80%，其中：教堂场景的准确率只有 73%，该场景某些样本被误分为篮球场、中密度住宅区、交叉路口、宫殿、环形交叉路口和体育场；宫殿场景的准确率也只有 73%，某些样本被误分为教堂，这两类场景在整个数据集中属于最难区分的类别，主要是因为这两类场景在纹理特征上和其他场景存在相似之处，此外本身场景空间布局复杂多变，容易出现错分现象。

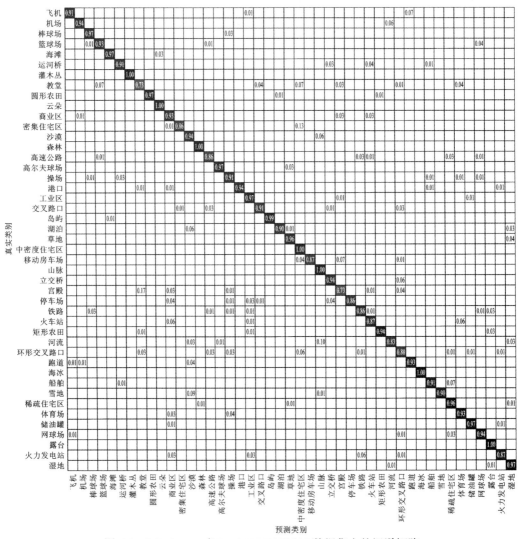

图 6.6 SEMSDNet 在 NWPU-RESISC45 数据集上的混淆矩阵

6.4.3 模型复杂度及轻量级分析

从理论和经验上可知，网络层数越深，越能提取更深层次的语义特征，对分类任务帮助更大。然而，当网络层数加深时，模型参数量会不断增大，计算复杂度对计算资源的需求也会增加。因此，在设计网络时，需要在模型的分类能力和计算复杂度上进行权衡。表 6.5 展示了 SEMSDNet、SEHRNet、DenseNet121、DenseNet109、ResNet12 和 ResNet18 共 6 种模型在 NWPU-RESISC45 数据集上的参数指标，包括参数量和计算量，这里的计算量单位为 GFLOPs（1 GFLOPs＝10^9 FLOPs）。计算量与输入影像的大小和模型的复杂度有关，这里的输入影像大小统一设置成 256×256。由表可知，SEMSDNet 模型的参数量只有 5.48 MB，是第 3 章 SEHRNet 模型参数量的 44% 左右、ResNet 18 模型参数量的 48%左右。此外 SEMSDNet 的所需计算量也相当少，只有 0.58 GFLOPs，说明本章所提的 SEMSDNet 模型无论在参数量上还是在计算量上都具有很大优势。

表 6.5　不同网络模型在 NWPU-RESISC45 测试集上模型参数量、计算量对比

方法	参数量/MB	计算量/GFLOPs
SEMSDNet	5.48	0.58
DenseNet109	5.57	2.99
DenseNet121	6.99	3.74
ResNet12	9.64	21.10
ResNet18	11.19	35.62
SEHRNet	12.23	14.78

6.4.4　预算批分类设置下实验结果与分析

为了评估不同网络模型在预算批分类设置下的分类性能，本章选取经典网络模型 ResNet12、DenseNet121 与 SEMSDNet 在 NWPU-RESISC45 测试集上进行对比实验，结果如图 6.7 所示，横坐标代表给每批次测试图像分配的计算资源 B，每批次的大小设置为 256，纵坐标代表预测准确率。由图可知，具有动态评估的 SEMSDNet 的分类性能比使用相同计算量的 ResNet12 和 DenseNet121 性能要好。例如，当平均预算为 0.3 GFLOPs 时，SEMSDNet 模型的预测准确率高于 90%，比相同 FLOP 的 DenseNet121 模型高出 10%，比 ResNet12 模型高出 20%以上。因此可以看出在平均预算较少时，SEMSDNet 方法的分类效果要远远好于 ResNet12 和 DenseNet121。

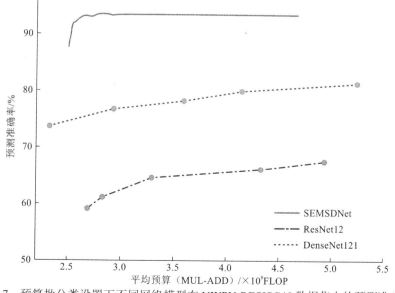

图 6.7　预算批分类设置下不同网络模型在 NWPU-RESISC45 数据集上的预测准确率

6.4.5　实时预测设置下实验结果与分析

为了评估不同网络模型在实时预测设置下的分类性能，本章选取 ResNet12、DenseNet121 与 SEMSDNet 在 NWPU-RESISC45 测试集上进行对比实验,结果如图 6.8 所示,横坐标表示对每一张输入图像的计算资源限制,纵坐标代表分类精度。由图可知,在相同的计算量下,SEMSDNet 模型的分类精度要远高于 ResNet12 和 DenseNet121,并且当平均预算为 2.6×10^8 FLOP 时,SEMSDNet 的分类精度达到了 90% 左右,说明相比 ResNet12 和 DenseNet121,SEMSDNet 可以在计算资源耗尽时输出更好的分类结果,也可以理解为在有限时间内输出更好的结果。

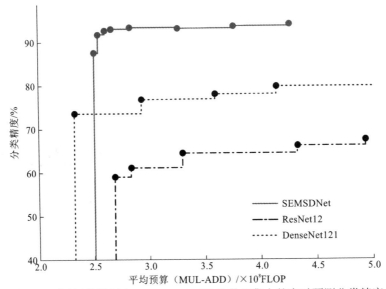

图 6.8　不同网络模型在 NWPU-RESISC45 数据集上的实时预测分类精度

6.4.6　预测可视化分析

为了说明本书提出的模型在区分简单样本时能有效减少计算需求,从 AID 测试集中随机挑选了 6 张影像,如图 6.9 所示,第一行展示了由第 1 个分类器正确分类并退出网络的简单遥感场景影像。第二行展示了未能被第 1 个分类器正确分类但被最后一个分类器即第 5 个分类器正确分类并退出网络的难分遥感场景影像。由图可知,MSDNet 方法能够考虑场景分类难易程度和所处语义层次,实现网络对数据的自动适应。

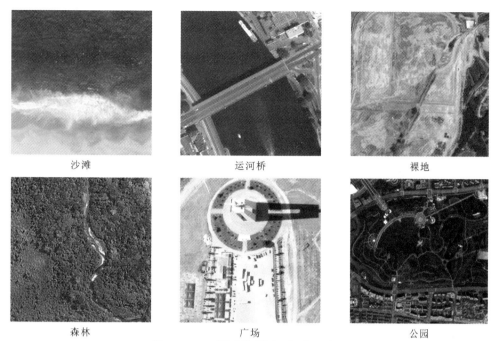

沙滩　　　　　　　运河桥　　　　　　　裸地

森林　　　　　　　广场　　　　　　　公园

图 6.9　AID 测试集预测可视化示意图

第7章　基于特征通道注意力的遥感影像场景分类

　　由于遥感卫星传感器拍摄的高度、角度不同及场景地物自身特征复杂联系等原因，遥感影像场景目标往往呈现出多种地物特征且尺度多变的问题。如图 7.1 所示：在网球场场景类别中，影像包含不同尺度的网球场、草坪、公路等地物；在高速公路场景类别中，影像含有不同尺度的高速公路、汽车等地物。另外在这多种地物中其特征的重要程度不同，在这两个类别中起主要分类作用的是网球场地物和高速公路地物。即遥感场景影像的空间信息丰富且地物复杂多样，存在大量冗余的地理特征，并且高层次语义信息的特征可能位于复杂背景上的一小块区域，在特征提取过程中如果神经网络平等地对待每个特征，则网络模型的特征区分能力显然不足。因此如何有效地提取多种地物特征，建立地物特征之间的联系，并且提取出起主要作用的分类特征对遥感影像场景分类十分重要。

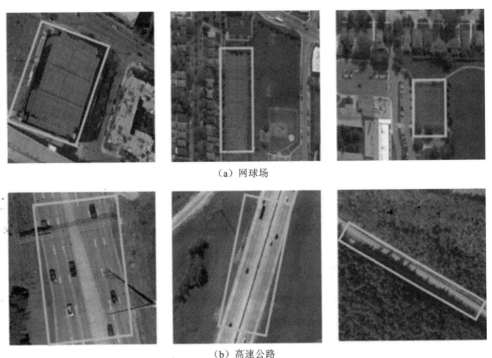

（a）网球场

（b）高速公路

图 7.1　不同尺度下的网球场场景类别和高速公路场景类别

　　针对以上问题，本章从特征通道域的角度出发，提出一种有效的方法来提取遥感影像的关键特征，展开对密集连接网络、标签平滑和融入特征通道注意力的网络模型研究，并在多个数据集上进行充分的实验以验证网络模型的效果。

7.1 模 型 构 建

7.1.1 密集连接网络

密集连接网络（Huang et al.，2017b）不仅可以用来提取多个不同感受野的特征，而且这种紧密连接的结构进一步交叉联系了这些不同尺度感受野的特征，比传统的神经网络更好地表达了遥感场景影像中多尺度对象的复杂语义关系。卷积神经网络能在场景分类中表现出显著的特征表示能力，然而由于遥感影像场景数据集的影像数量较少，一些传统的卷积神经网络方法参数多，并且网络层次较浅。一方面，由于训练数据量小，过拟合现象时有发生；另一方面，由于网络层较浅，高层特征信息的提取有限。一般通过补充更深的网络层数来获取更高层次的特征映射，来学习到更具潜在性和鲁棒性的特征。然而，深层卷积神经网络随着层数的递增，往往存在梯度消失等问题，这在一定程度上限制了网络更深化的效果。许多研究人员（Gao et al.，2016；He et al.，2016；Srivastava et al.，2015）对这一问题通常是通过创建从前面层到后面层的连接短路径。

构建更深层次的密集连接网络解决了上述问题。最重要的体系结构 dense block layer 是为了确保网络中各层之间的最大信息流而设计的（Huang et al.，2017b）。在这种体系结构中，每个层使用来自所有先前层的输入，并将其相应的特征映射传递给所有后续层。靠近输入和输出的层之间的这些短连接允许将先前的特征有效地传递到后面，以便自动复用特征。这样利用这种网络结构可以提取出更多全局的高层次特征，并且可以更准确、高效地进行训练。之前一些遥感场景分类方法是对从所有层中提取的特征进行再处理，然后将融合处理后的特征用于分类（Chaib et al.，2017；Li et al.，2017；Hu et al.，2015a），这类方法是多个特征映射的简单组合连接，而不是在每个层的训练之间复用特征。因此，如图 7.2 所示，密集连接网络不是将所有特征图简单集成在一起，而是将所有先前的图层都视为输入再传入下一层。

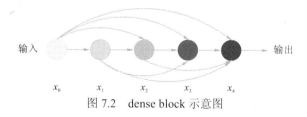

图 7.2　dense block 示意图

因此，与一些传统的网络结构不同，在 L 层卷积层中有 $(L+1)/2$ 连接而不是单向连接，dense block 中卷积层运算公式为

$$x_L = T_L([x_0, x_1, \cdots, x_{l-1}]) \tag{7.1}$$

式中：$x_0, x_1, \cdots, x_{l-1}$ 为前 l 层的卷积层；x_L 为卷积层输出；T_L 为包含非线性变换的集合，包含卷积层、池化层（Lecun et al.，1998）、ReLU 层（Glorot et al.，2011）。每个 dense block 包括多组具有相同填充的 1×1 和 3×3 卷积层，用于级联操作。虽然这种结构使用密集连接的模式，但它需要的参数比传统卷积网络少。事实上，这种网络结构消除

了学习冗余信息的必要性，减少了网络层所需的自然数，使参数效率显著提高。此外，不同层的连续连接要求每一层从原始输入数据和损失函数中获取梯度。这种快速访问改善了层之间的信息流，减少了梯度消失问题。这种特征复用方法利于构建更深层次的网络体系结构和提取特征相互连接的深层语义关系。

传统的遥感影像场景分类网络一般会采用 AlexNet、VGGNet、GoogleNet 等网络作为网络主干，但是这些网络往往参数量大且网络层数不多，难以高效地提取遥感影像场景特征。而密集连接网络则从特征的角度出发，结合特征复用和交叉信息流的思路在场景影像分类中可以自动连接多尺度的特征向量（Huang et al.，2017a）。因此本章采用密集连接网络中的 DenseNet121 作为网络主干，并从通道注意力和改进损失函数的角度分别对密集连接网络进行改进以取得更好的遥感影像场景分类效果。

7.1.2 基于标签平滑的损失函数

当不同类型遥感影像场景中的主要地物特征相同或非常相似时，就会显示出遥感影像场景数据集的类间相似性，会给神经网络训练造成负面影响。为了减少这种类间相似性的影响，可以将传统的交叉熵损失函数与标签平滑（Müller et al.，2019）相结合，采用改进后的基于标签平滑的交叉熵损失函数。

对于遥感影像场景分类，通常在最后一层增加 Softmax 函数来计算输入数据被预测为各个类别的概率，一般是用交叉熵函数来计算损失值。类别向量通常转化为 one-hot 向量，其中对于长度为 n 的数组，只有一个元素是 1，其余元素是 0。这一特性让准确概率和零概率的产生促使真实类别与其他类别之间的差距尽可能大，这意味着网络模型对正确标签的输入影像特征进行奖励，对错误的输入影像特征进行惩罚。然而，相似地物类别之间的特征差距相对较小，这种特性会导致对特征的识别出现过拟合的情况。因此，本小节利用标签平滑改进原有的交叉熵损失函数。传统的 Softmax 公式为

$$p_i = \frac{e^{x^T w_i}}{\sum_{l=1}^{L} e^{x^T w_i}} \tag{7.2}$$

式中：p_i 为分配给第 i 类的可能性；w_i 为最后一层的权重和偏差；x 为包含从影像中提取的深度特征的向量。再利用反向传播算法计算并最小化实际目标 y_i 与网络输出 p_i 之间的交叉熵期望值如下：

$$H(y, p) = \sum_{i=1}^{I} -y_i \log_2 p_i \tag{7.3}$$

式中：y_i 为 1 表示分类正确，为 0 则表示分类错误。可以发现不带有标签平滑的损失函数只计算了标签正确位置的值，而没有计算错误标签。这样会导致网络过于注重提高正确标签的概率，而非降低预测错误标签的概率。最后的结果是，该模型很好地拟合了自己的训练集，但对其他测试集的结果却很差。特别是，当大量遥感影像场景类别相似且未考虑相似类别标签的丢失时，更可能发生过度拟合的情况。

为了考虑训练数据样本中正确标签位置（one-hot标签为 1 的位置）和其他错误标签位置（one-hot 标签为 0 的位置）的损失值，引入标签平滑函数如下：

$$y' = (1-\in)y + \in u(I) \tag{7.4}$$

式中：y' 为标签平滑操作后的样本标签；$\in$ 为平滑因子；$u(I)$ 为服从类别数 I 的均匀分布。

因此，基于标签平滑的交叉熵损失函数不仅要考虑正确类别的损失，还要考虑其他类别的损失。当场景类别相似时，更重要的是要注意其他类别的缺失，从而减少类间相似性对特征表示的影响。

7.1.3　基于特征通道注意力的遥感影像场景分类网络

由于密集连接网络具有很强的特征提取能力，为了进一步提取通道域里的重要特征，该网络在特征通道域引入了一种"压缩"和"激励"的注意力机制。特征通道注意力模块本身是一个小型而有效的体系结构，其添加的参数仅为 0.22 M，能有效避免过拟合的产生。该注意力机制通过调整特征域中不同特征图的权重来自适应地选择重要特征。

如图 7.3 所示，将特征通道注意力机制融入密集连接网络，并结合基于标签平滑的正则化交叉熵损失函数，提出基于特征通道注意力（feature channel attention，FCA）的遥感影像场景分类网络。为了在不增加大量参数的情况下充分利用特征通道注意力模块，保持原有的 DenseNet121 结构，特征通道机制只结合了密集连接层和过渡层。输入影像经过常规的 7×7 卷积层和 3×3 的最大池化后，即到特征通道注意力模块作为通道注意力层。再经过密集连接层后，过渡层由 1×1 卷积层和一个步长为 2 的平均池组成，以减小特征图的大小，并且与过渡层集成的通道注意力模块称为自适应下采样。类似 DenseNet121 结构经过 4 次迭代降维，最后通过改进后的基于标签平滑的正则化交叉熵损失函数来减少类间相似性对遥感影像场景特征表示的影响。

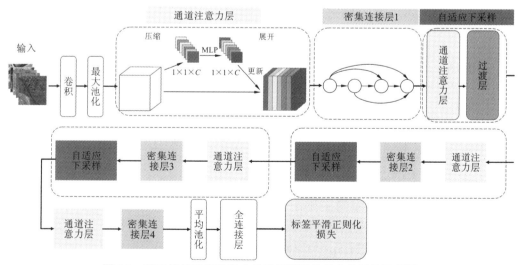

图 7.3　基于特征通道注意力的遥感影像场景分类网络示意图

7.2 实验设置

为了公平地评估提出的网络，在公开数据集上保持与其他研究人员的实验相同的训练测试比率。对于 UCM 数据集，训练比例分别设置为 50% 和 80%，其余用于测试。对于 AID 数据集，训练比例分别为 20% 和 50%。对于 NWPU-RESISC45 数据集，训练比例分别为 10% 和 20%。对于山区遥感影像数据集，训练比例分别为 70% 和 50%。因此，针对每个数据集，考虑两种不同的训练测试比例，对提出的网络进行综合评价。

7.3 实验结果与分析

7.3.1 山区遥感影像场景数据集实验结果与分析

为了证明基于特征通道注意力场景分类网络的有效性，将 FCA 网络与目前主流方法在山区场景数据集上进行比较，其中 VGG 网络和 ResNet 网络的结果与 AlexNet 网络相比的效果较好（表 7.1）。当训练比例为 70% 时，FCA 网络的分类精度达到 95.67%，与其他网络相比效果最好，比 ResNet-18 的结果高 1 个百分点左右。当训练比例为 50% 时，FCA 网络的分类精度达到 93.85% 即最高的精度，同样体现了特征通道注意力机制在山区遥感影像场景数据集上的有效性。

表 7.1 FCA 网络在山区遥感影像场景数据集上分类精度对比　　　（单位：%）

方法	分类精度	
	70%训练比例	50%训练比例
AlexNet	92.52±0.97	90.21±0.89
GoogleNet	93.73±0.72	91.38±0.93
VGG-11	94.51±0.81	92.70±0.96
VGG-16	94.53±0.59	92.45±0.83
ResNet-18	94.63±0.84	92.99±0.59
FCA 网络	**95.67±0.68**	**93.85±0.79**

图 7.4 显示了从 FCA 网络获得的分类结果生成的混淆矩阵，其训练比例为 50%。该图显示，所有类别的分类精度都达到 87% 以上；其中山脉与山路的分类精度分别为 87.3% 和 87.8%，这两者互相误分的概率为 9.1% 和 12.2%，误分概率较大的原因是这两类存在一致的山体地物特征，山路隐藏在山脉之间。农田类别中有少部分影像含有居民区等地物，还有农田中类似梯田的特征导致有少部分影像被误分为居民区和梯田

类别。但是除这两类外，其余类别的分类精度均大于 90%，说明 FCA 网络能准确识别该山区遥感影像数据集上的场景类别。

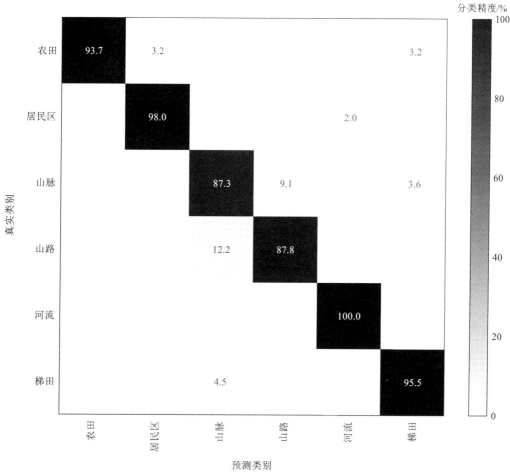

图 7.4　FCA 网络在山区遥感影像场景数据集上的混淆矩阵

7.3.2　UCM 数据集实验结果与分析

为了证明基于特征通道注意力场景分类网络的有效性，将实验结果与其他研究方法在 UCM 数据集上进行比较，如表 7.2 所示。GoogleNet 在自然场景中的分类效果最好，而在表 7.2 中网络层数较浅的 CaffeNet 与 VGG-16 的分类精度高于 GoogleNet，这是因为 GoogleNet 的卷积层更广更深，比起网络层数较浅的神经网络更容易学习到一些更高层次的特征，未经遥感影像场景数据集微调的 GoogleNet 对自然场景的影像特征更为拟合。如果不使用遥感影像场景数据集重新训练和微调，网络将提取大量自然场景的细节特征来分类，从而干扰了正确的遥感影像场景分类，这也说明了两类数据集之间的差异性。因此在该实验结果中，GoogleNet 没有提供比 CaffeNet 与 VGG-16 等浅层网络更好的效果。然而，在遥感影像场景数据集上微调后的 GoogleNet 表现出了更深更广的卷积神经网络的特征提取能力，卷积神经网络深度迁移的分类精度也证明了深度网络和迁移学习可以提高分类效果。此外，FCA 网络比 CaffeNet 等网络的层数更多，对梯度消失更为敏感。而且，该网络表现出最好的性能，80% 和 50% 训练比例的分类精度分别为 99.66% 和 98.57%。这表明 FCA 网络可以为遥感影像场景分类提供有辨识力的影像表示，而且这种轻量级网络与 GoogleNet 和 VGG-16 等训练参数量较大的方法相比更不容易过度拟合，精度更高。

表 7.2　在 UCM 数据集上的分类精度评价对比　　　　　　　（单位：%）

方法	分类精度	
	80%训练比例	50%训练比例
CaffeNet	95.02±0.81	93.98±0.67
GoogleNet	94.31±0.89	92.70±0.60
VGG-16	95.21±1.20	94.14±0.69
salM3LBP-CLM	95.75±0.80	94.21±0.75
TEX-Net-LF	96.62±0.49	95.89±0.37
LGFBOVW	96.88±1.32	—
Fine-tuned GoogleNet	97.1	—
Fusion by addition	97.42±1.79	—
CCP-net	97.52±0.97	—
Two-Stream Fusion	98.02±1.03	96.97±0.75
DSFATN	98.25	—
Deep CNN Transfer	98.49	—
GCFs+LOFs	99±0.35	97.37±0.44
Inception-v3-CapsNet	99.05±0.24	97.59±0.16
FCA 网络	**99.66±0.27**	**98.57±0.33**

图 7.5 显示了 FCA 网络获得的分类结果生成的混淆矩阵，其训练比例为 50%。该图显示，所有类别的准确率都达到 94% 以上。因此，该网络可以完全识别大部分的场景类别。其中最大错误分类概率为 6%，密集住宅区被错误分类为中密度住宅区，这种错误分类可能是因为这两种场景类别有很大的地物相似性，例如建筑风格十分相似，两者的主要区别在于建筑密度和道路样式。

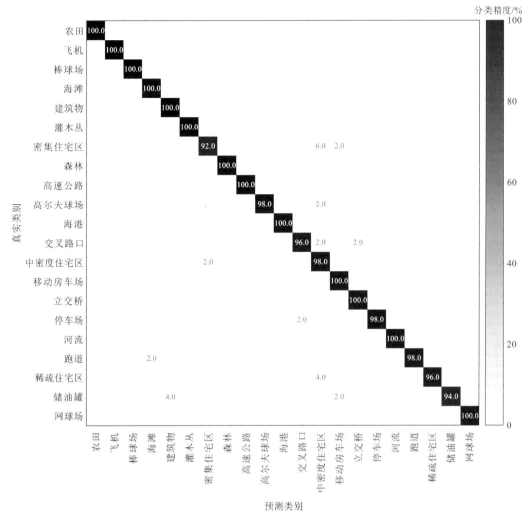

图 7.5　FCA 网络在 UCM 数据集上的混淆矩阵

7.3.3　AID 数据集实验结果与分析

　　将 FCA 网络的分类性能与 AID 数据集现有的其他方法进行比较，在 AID 数据集上的实验结果如表 7.3 所示。在 50%和 20%的训练比例下，该网络的分类精度分别为97.16%和 95.73%。通过比较表 7.3 和表 7.2，可以发现同一方法在 AID 数据集上的分类精度明显低于 UCM 数据集上的分类精度。由于 AID 数据集的复杂性，对于单一网络（如 CaffeNet、GoogleNet 和 VGG-16），在 AID 数据集上的分类精度均低于 90%。而对于 Fusion by addition 网络和 Two-Stream Fusion 网络，这类网络通过深度网络特征的融合和复用达到了较高的精度。另外，提出的 FCA 网络由于具有多层次特征连接和在网络设计中添加的通道注意力模块，综合作用下产生了在 AID 数据集上的最优结果。

表 7.3 FCA 网络在 AID 数据集上的分类精度评价对比 （单位：%）

方法	分类精度	
	50%训练比例	20%训练比例
CaffeNet	89.53±0.31	86.86±0.47
GoogleNet	86.39±0.55	83.44±0.40
VGG-16	89.64±0.36	86.59±0.29
salM3LBP-CLM	89.76±0.45	86.92±0.35
TEX-Net-LF	92.96±0.18	90.87±0.11
Fusion by addition	91.87±0.36	—
Two-Stream Fusion	94.58±0.25	92.32±0.41
GCFs+LOFs	96.85±0.23	92.48±0.38
VGG-16-CapsNet	94.74±0.17	91.63±0.19
Inception-v3-CapsNet	96.32±0.12	93.79±0.13
FCA 网络	**97.16±0.26**	**95.73 ± 0.22**

FCA 网络在 20%训练比例下，获得的 AID 数据集上的混淆矩阵如图 7.6 所示。该图显示一共含有 26 个类别的分类精度大于 90%，其余类别的分类精度均超过 80%。一些具有类似内容分布的类别，如稀疏住宅、中密度住宅区和密集住宅区，其分类精度分别为 99.6%、97.0%和 98.5%。与其他遥感影像场景分类方法的研究结果相似，学校和中心区的分类准确率相对较低，精度分别为 85.8%和 85.6%。具体来说，学校和商业区比较容易混淆是因为它们均含有大量的房屋建筑排列。同样，度假区与公园场景易混淆，是因为它们都具有较大的植被和房屋覆盖率。尽管如此，与之前的研究方法中（Cheng et al.，2017）分别为 49%和 60%的分类准确率相比，FCA 网络显示出相当大的进步。因此，FCA 网络能够有效地识别具有类间相似性的遥感场景数据集中的准确类别。

7.3.4 NWPU-RESISC45 数据集实验结果与分析

表 7.4 显示了 FCA网络在最具挑战性的 NWPU-RESISC45 数据集上的结果。在 10%和 20%的训练比例下，FCA 网络的分类精度最好，分类精度分别为 92.70%和 94.58%，分别比精度排名第二的 Inception-v3-CapsNet 获得的分类精度高 3.67%和 1.98%。与其他方法相比，FCA 网络改进后的效果更为明显。尤其是在训练比例较小的情况下，性能明显优于其他方法。在这个具有挑战性的数据集中，FCA 网络方法可以达到如此高的精度，进一步展现了基于特征通道注意力机制网络的遥感影像场景分类能力。

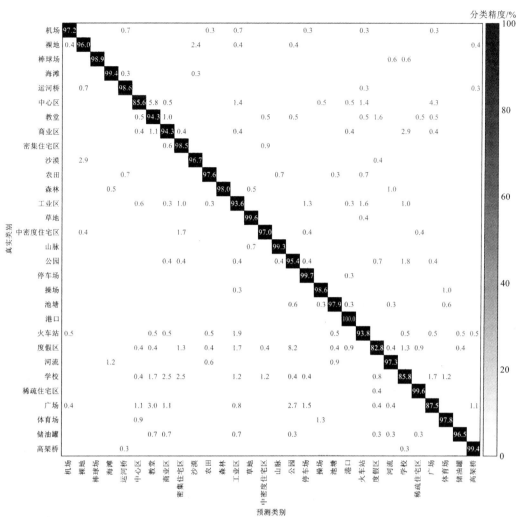

图 7.6　FCA 网络在 AID 数据集上的混淆矩阵

表 7.4　FCA 网络在 NWPU-RESISC45 数据集上的分类精度评价对比　　（单位：%）

方法	分类精度	
	20%训练比例	10%训练比例
GoogleNet	78.48±0.26	76.19±0.38
VGG-16	79.79±0.15	76.47±0.18
AlexNet	79.85±0.13	76.69±0.21
Two-Stream Fusion	83.16±0.18	80.22±0.22
BoCF	84.32±0.17	82.65±0.31
Fine-tuned AlexNet	85.16±0.18	81.22±0.19
Fine-tuned GoogleNet	86.02±0.18	82.57±0.12

方法	分类精度	
	20%训练比例	10%训练比例
Fine-tuned VGG-16	90.36±0.18	87.15±0.45
Triple networks	92.33±0.20	—
VGG-16-CapsNet	89.18±0.14	85.08±0.13
Inception-v3-CapsNet	92.60±0.11	89.03±0.21
FCA 网络	**94.58±0.26**	**92.70±0.32**

图 7.7 显示了 FCA 网络在强挑战性的 NWPU-RESISC45 数据集上训练比例为 20%的混淆矩阵。如图 7.7 所示，45 个类别中有 37 个类别的分类准确率大于 90%。虽然宫殿和教堂类别的分类准确率相对较低，分别为 79.3%和 79.5%。但是与之前的研究

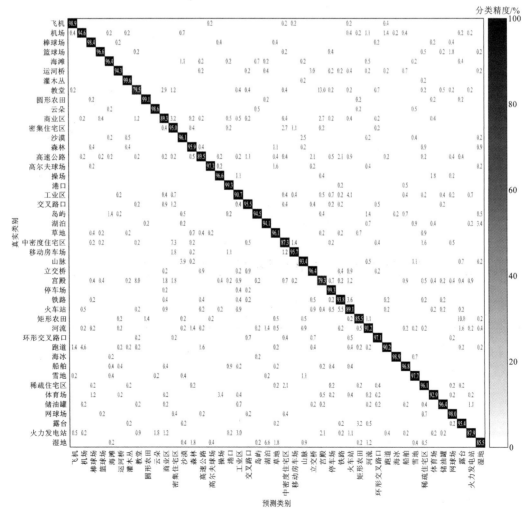

图 7.7 FCA 网络在 NWPU-RESISC45 数据集上的混淆矩阵

结果（Cheng et al.，2017）相同类别的分类精度为 75%和 64%相比仍有改进。此外，该模型能很好地区分每一种类，其中最低的单类分类精度仍达到了 79.5%，具有高质量的总体分类能力，而之前的模型（Cheng et al.，2017）显示最低分类精度仅为 68%，实验证明了 FCA 网络的有效性和稳定性。

7.4　实　验　讨　论

7.4.1　特征通道注意力机制的热力图可视化

图 7.8 显示的是由 Grad-CAM++算法生成的热力图。热力图中较亮的区域表示相应区域对分类的重要性更大，展示了飞机、教堂、宫殿和轮船 4 个场景。由图 7.8 可知，具有特征通道注意力的网络能够很好地为这些场景提取重要信息。每个场景中的主要地物对象都被准确地捕获，对场景分类有极大的帮助。对于飞机和轮船场景，在不受其他低优先级特征（分别为地面和建筑）干扰的情况下，能更准确地定位具有特征通道注意力的 FCA 网络的重要区域。此外，尽管宫殿和教堂是容易混淆的类别，

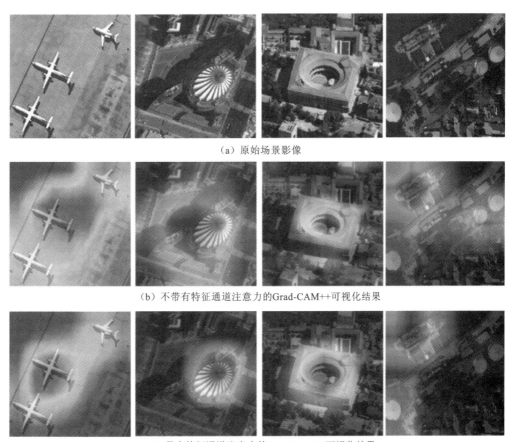

（a）原始场景影像

（b）不带有特征通道注意力的Grad-CAM++可视化结果

（c）带有特征通道注意力的Grad-CAM++可视化结果

图 7.8　原始场景影像和场景影像热力图

但 FCA 网络能直观地显示对这两类特征的重要区域的控制，反映了特征通道注意力网络效性和 FCA 网络强大的图像特征表示能力。

7.4.2 FCA 网络的消融实验

为了进一步分析 FCA 网络的各个模块的作用，本小节基于 AID 数据集和 NWPU-RESISC45 数据集对比分析各个模块的作用。表 7.5 显示 FCA 网络及其不同部分模块的分类性能，包括没有特征通道注意力和没有标签平滑。总体而言，没有特征通道注意力的 FCA 网络产生了较高的结果，已经超过了大多数方法，但即使在这样高精度后难以提高的基础上，带有特征通道注意力的 FCA 网络的精度也提高了 0.94%。这种改进是由于特征通道注意力机制增强了重要特征的权重，抑制了次要特征。同样 FCA 网络具有很强的特征提取能力，但是标签平滑操作对分类也造成了积极的影响，提高了 0.33%。

表 7.5　FCA 网络在 AID 数据集和 NWPU-RESIES45 数据集上的消融实验

项目	不带特征通道注意力机制/%	不带标签平滑损失函数/%	FCA 网络/%
AID（50%）	95.99±0.49	96.72±0.32	97.16±0.26
AID（20%）	94.71±0.32	95.43±0.28	95.73±0.22
NWPU（20%）	93.14±0.28	94.21±0.35	94.58±0.26
NWPU（10%）	91.22±0.41	92.46±0.21	92.70±0.32
平均值	93.77	94.71	95.04

第8章 基于全局上下文信息的遥感影像场景分类

近年来，随着卷积神经网络的推进发展，各类网络模型通过卷积神经网络能学习到强大的影像特征表示，遥感影像场景分类的性能也得到了显著提高。但遥感场景影像往往背景复杂，地物多变，呈现出类内多样性和类间相似性的特性。类内多样性指同一个场景类别中出现的主要地物存在很大的差异性，地物通常在样式、大小、形状和分布上各不相同，比如山区道路和山区河流类别等；类间相似性的挑战则主要是由于在不同的场景类别之间存在相同地物的重叠，比如山区草地和山区农田类别等。这两者都给正确识别遥感场景影像造成了一定的困难。

为了探索一种解决方案来应对上述挑战，本章从空间域的角度提出一种有效的方法来提取影像特征，基于 Mixup 的对抗性数据增强和全局上下文空间注意力开展遥感影像场景分类网络研究，并在多个数据集上进行充分的实验以验证网络模型效果。

8.1　模　型　构　建

8.1.1　基于 Mixup 的对抗性数据增强

数据增强方法通常有两种。一种是基于先验知识的方法。这类方法需要使用人的先验知识来描述每个训练样本周围的邻域,之后从其邻近分布中得到额外的虚拟样本，来扩展训练分布。例如几何方法，一般将图像的邻域定义为水平映射、轻微缩放和多角度旋转的集合。这一过程依赖于训练的数据集，并且需要专家的先验知识。此外，数据扩展假设邻域中的样本只共享同一类的数据，而不建模在不同类别样本之间的邻域关系。另一种是基于生成对抗网络的数据生成方法。这类方法尽管不需要额外的专家先验知识，但是仍然是在相同类别的数据上进行训练以获得更多的样本，并且需要的数据量大、训练难以收敛（Zhang et al.，2017）。

因此，本书采用一种 Mixup 的数据增强方法，是基于先验知识的传统方法的提升，主要思想是通过按比例在像素的层面上对随机选出的影像加权求和，合成数据集中现有样本组成混合样本，同时按照相同的比例将对应的标签值加权求和，最终得到增广的混合样本数据作为虚拟样本来进行训练（Zhang et al.，2017）。

对于两个随机样本(x_i, y_i)和(x_j, y_j)，x_i 和 x_j 代表从训练集中随机挑选的两个训练样本图像，y_i 和 y_j 分别代表 2 个训练样本的标签，计算公式为

$$\begin{cases} \tilde{x} = \lambda x_i + (1-\lambda)x_j \\ \tilde{y} = \lambda y_i + (1-\lambda)y_j \end{cases} \tag{8.1}$$

式中：$\lambda \in [0, 1]$为样本的权重。Mixup 对样本与样本内的区域进行线性加权处理，使

模型能够学习训练数据之外的样本，减少了对训练样本外的数据进行预测的不适应性。Mixup 使得决策边界从一类线性过渡到另一类，并提供了更加平滑的不确定性估计。另外，在网络结构相同、训练过程相同、数据集相同的两种模型上，经过 Mixup 操作后的训练模型比传统训练模型更稳定，是一种有效解决过拟合问题的数据增强的方式，能连续化离散样本空间，提高空间邻域内的平滑性。

以飞机和机场类别为例，Mixup 应用于遥感影像场景的计算方法为：取当前输入批次与下一个输入批次中的影像做融合，将其输入卷积神经网络中得到 one-hot 形式的 $\hat{y}$，然后将 $\hat{y}$ 分别用于融合时的两张影像对应的标签计算损失函数 Loss，再用 beta 分布计算得到的 λ 以同样的方式融合 Loss，并将该 Loss 作为最终 Loss。将飞机类别和机场类别通过 Mixup 操作后形成新的混合类别，如图 8.1 所示。

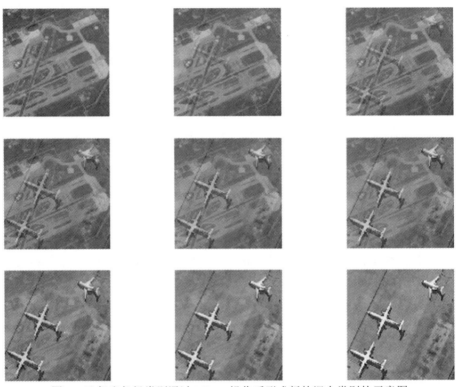

图 8.1 飞机和机场类别通过 Mixup 操作后形成新的混合类别的示意图

8.1.2 基于全局上下文空间注意力的遥感影像场景分类网络设计

传统的卷积神经网络模型都是基于局部运算的，难以获得特征长距离依赖性，即图像中非相邻像素之间的关系，受到计算机视觉中非局部平均运算的经典方法的启发，卷积层中非局部运算是包括将某个位置上所有位置的特征的加权总和作为该位置的响应值（Wang et al.，2018）。这种非局部操作可以应用于各种深度学习视觉框架中，并在视频分类、遥感影像分类和分割等任务中表现出色（Zhang et al.，2021；Lei et al.，2021；Wang et al.，2020）。捕获长距离依赖关系是深度神经网络的核心问题，以基础图像数据为例，如果要捕获长距离依赖关系，通常的方法是堆叠卷积层（Wang et al.，2018）。随着其层数的加深，卷积层的感受野变得越来越大，原始的非相邻像素可以合并纳入为一个整体，而所获取信息的分布程度越来越大。通过堆叠卷积层来获得感受野的这种改进，需要连续重复卷积过程，并且这种重复将带来三个问题：①计算效率非常低，并且卷积层的加深意味着更多的参数和更多的复杂性；②参数优化困难，参数优化过程必须仔细设计；③网络建模困难，尤其是对多级依赖项，必须以不同的距离传输信息。

而卷积层中 Non-local 操作与递归操作和普通卷积操作的渐进行为不同（Wang et al.，2018），Non-local 操作通过计算任意两个位置之间的交互特征来直接捕捉远程依赖关系，而不是局限于相邻点，从而摒弃了距离的概念。Non-local 的一般表达公式为

$$y_i = \frac{1}{C(x)} \sum_{\forall j} f(\boldsymbol{x}_i, \boldsymbol{x}_j) g(\boldsymbol{x}_j) \tag{8.2}$$

式中：(x_i, x_j)为输入信号，在图像处理中一般是特征图；i 为输出位置的索引，其响应值通过用 j 枚举所有可能的位置来计算。函数 f 计算 i 与所有 j 之间的相似关系，而一元函数 g 计算 j 处位置的表示，最终响应值通过标准化响应因子 $C(x)$获得。

W_g 是其中需要学习的权重矩阵，一般可以用空间上的 $1×1$ 卷积来实现：

$$g(\boldsymbol{x}_j) = \boldsymbol{W}_g \boldsymbol{x}_j \tag{8.3}$$

式（8.3）中使用的 $\boldsymbol{x}_i^{\mathrm{T}} \boldsymbol{x}_j$ 是使用一个点乘来计算相似度，通过矩阵之间点积可以来衡量相似度，即通过余弦的相似度简化而来的：

$$f(\boldsymbol{x}_i, \boldsymbol{x}_j) = \mathrm{e}^{\boldsymbol{x}_i^{\mathrm{T}} \boldsymbol{x}_j} \tag{8.4}$$

将上述思想与现有的网络框架结合起来，需要将其封装到非局部块（Non-local block）中，如图 8.2 所示，以函数 f 为嵌入式高斯函数为例，特征图的输入为 $T×H×W×1\,024$，且两个映射 θ、ϕ 都是 $1×1×1$ 的卷积形式，$\otimes$ 表示矩阵乘操作，$\oplus$ 表示元素加操作。

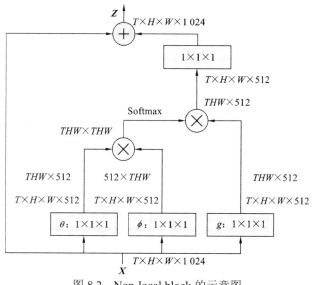

图 8.2　Non-local block 的示意图

遥感影像场景数据集的数量没有自然影像分类中数据集的数量大，相比较而言在相同的神经网络的训练中更容易过拟合。而且现有研究（Cao et al.，2019）表明 Non-local 网络对每个位置执行特定的全局上下文信息计算是可以进一步参数优化的。对 Non-local 网络的全局上下文注意力部分和特征转换部分进行网络优化，简化后具体的网络结构如图 8.3 所示，其中 Context Modeling 模块即全局上下文信息模块，通过卷积模块的权值聚合所有位置的特征来获得全局上下文特征，而 Transform 模块则用来捕获通道间的依赖，使用全局上下文信息来更新原有的特征。这种优化能够减小传统 Non-local 网络的参数量，且使得网络模型更容易训练，同时训练检测时间也会减少。

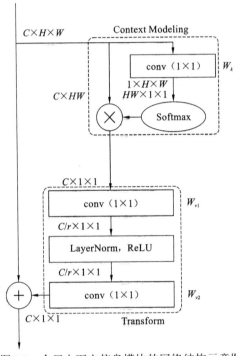

图 8.3　全局上下文信息模块的网络结构示意图

在前面工作的基础上，本章提出基于全局上下文空间注意力（global context spatial attention，GCSA）的场景分类网络，如图 8.4 所示。首先输入影像通过 Mixup 操作进行部分区域块内的线性加权，进行对抗性数据增强后，再经过常规的 7×7 卷积层和 3×3 的最大池化。然后进入全局上下文空间注意力机制嵌入密集连接块构成的多层 GCSA 模块，来逐层编码整张遥感场景影像的上下文信息到局部特征里，其中过渡层由 1×1 卷积层和一个步长为 2 的平均池组成，以减小特征图的大小。之后再经过三次 GCSA 模块的迭代降维，最后结合改进后的基于标签平滑的正则化交叉熵损失函数来减少类间相似性对遥感场景特征表示的影响。

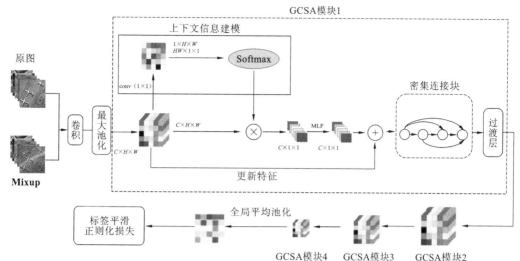

图 8.4　基于全局上下文空间注意力的场景分类网络（GCSA 网络）示意图

8.2　实　验　设　置

为了公平地评估提出的网络，在公开数据集上保持了与其他研究人员的实验相同的训练测试比例。对 UCM 数据集分别设置 50% 和 80% 的训练比例，其余用于测试。对于 AID 数据集，训练比例分别为 20% 和 50%。对于 NWPU-RESISC45 数据集，训练比例分别为 10% 和 20%。对于山区遥感影像数据集，训练比例分别为 70% 和 50%。因此，针对每个数据集，考虑两种不同的训练测试比例，对提出的网络进行综合评价。

在这项工作中，使用 PyTorch 框架来实现所提出的方法。网络参数和设置：将训练集的影像作为输入，所有影像的大小都调整为 288×288 像素。神经网络在训练过程中会将数据集分批放入网络中进行训练，而将批数量的大小设为 16，并采用具有动态学习率的随机梯度下降算法作为优化算法，训练迭代一直持续到网络充分拟合。实验软硬件环境配置的具体信息如表 8.1 所示。

表 8.1　实验软硬件环境配置

实验环境		详细配置
硬件环境	处理器	2×E5-2620 v4
	显卡	2×GeForce RTX 2080Ti
	内存	128 G
软件环境	操作系统	Ubuntu 16.04.6
	网络模型框架	PyTorch 1.7
	编程语言	Python 3.6
	驱动版本	CUDA10.1/CUDNN7.6.3

8.3 实验结果与分析

8.3.1 山区遥感影像场景数据集实验结果与分析

为了证明基于全局上下文空间注意力的场景分类网络的有效性，将 GCSA 网络与其他的神经网络主流方法在山区遥感影像场景数据集进行比较。如表 8.2 所示，GCSA 网络在 70%和 50%的训练比例下，其分类精度分别为 95.85%和 94.13%，比 ResNet-18 的结果分别高 1.22%和 1.14%。相对于之前的 FCA 网络，GCSA 网络的整体精度略高一点；而且 GCSA 网络的结果方差分别为 0.49 和 0.52，比 FCA 网络的低 0.19 和 0.27，说明在山区遥感影像场景数据集上基于全局上下文注意力机制的效果相比于基于特征通道注意力机制的效果更为稳定。

表 8.2　GCSA 网络在山区遥感影像场景数据集上精度评价对比　　　　（单位：%）

方法	分类精度	
	70%训练比例	50%训练比例
AlexNet	92.52±0.97	90.21±0.89
GoogleNet	93.73±0.72	91.38±0.93
VGG-11	94.51±0.81	92.70±0.96
VGG-16	94.53±0.59	92.45±0.83
ResNet-18	94.63±0.84	92.99±0.59
FCA 网络	95.67±0.68	93.85±0.79
GCSA 网络	**95.85±0.49**	**94.13±0.52**

GCSA 网络在 50%的训练比例下获得的在山区遥感影像场景数据集上的混淆矩阵如图 8.5 所示，一共 5 个类别的分类精度大于 90%，其中河流类别达到了 100%。少量山脉类别被误分为梯田类别是由于训练集中部分梯田是位于山脉上的。而山路类别的分类精度为 79.6%，山脉与山路混淆程度较高，有 20.4%的山路被误分为山脉，因为这两类影像具有相当大的类间相似性，其中山路两边山脉面积的占比都很高。但是 GCSA 网络比 FCA 网络在总体上的效果要好，其中 GCSA 网络只有一类分类精度低于 90%，并且对山脉类别的识别效果较好达到了 91.8%，山路类别被误分为山脉的概率较大说明了 GCSA 网络在更大程度上考虑了全图的山脉信息，占据影像最大面积的山脉导致了误分，也体现了 GCSA 网络可以较好地提取全局信息，在山区遥感影像场景数据集上的整体精度达到了最高。

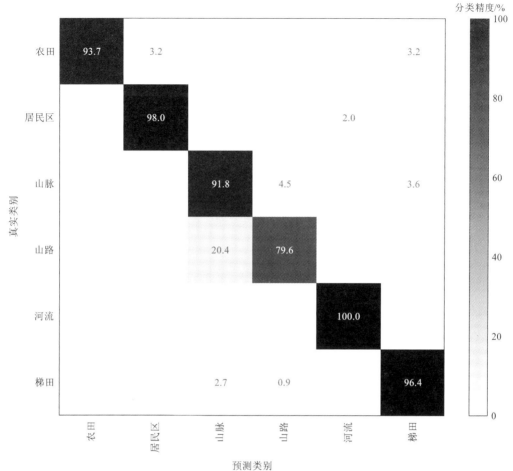

图 8.5　GCSA 网络在山区遥感影像场景数据集上的混淆矩阵

8.3.2　UCM 数据集实验结果与分析

为了证明基于全局上下文注意力的场景分类网络的有效性，将 GCSA 网络与 UCM 数据集的一些先前方法进行比较（表 8.3）。GCSA 网络与传统的卷积神经网络相比，分类精度提升显著，与 CaffeNet 相比在 80%训练比例和 50%训练比例下分类精度分别高出 4.29%和 4.34%，整体精度在所有网络中是第二高的。效果最优的 FCA 网络在 UCM 数据集上 80%和 50%的训练比例下的分类精度分别为 99.66%和 98.57%，GCSA 网络相对应的实验结果为 99.31%和 98.32%，相比下降了 0.35%和 0.25%，可能是数据集每类影像较少只有 100 张，同时 GCSA 网络模型参数比 FCA 网络参数更多，可能引起模型欠拟合从而导致分类精度略低。

表 8.3　GCSA 网络在 UCM 数据集上精度评价对比　　　　　　（单位：%）

方法	分类精度	
	80%训练比例	50%训练比例
CaffeNet	95.02±0.81	93.98±0.67
GoogleNet	94.31±0.89	92.70±0.60
VGG-16	95.21±1.20	94.14±0.69
salM3LBP-CLM	95.75±0.80	94.21±0.75
TEX-Net-LF	96.62±0.49	95.89±0.37
LGFBOVW	96.88±1.32	—
Fine-tuned GoogleNet	97.1	—
Fusion by addition	97.42±1.79	—
CCP-net	97.52±0.97	—
Two-Stream Fusion	98.02±1.03	96.97±0.75
DSFATN	98.25	—
Deep CNN Transfer	98.49	—
GCFs+LOFs	99±0.35	97.37±0.44
Inception-v3-CapsNet	99.05±0.24	97.59±0.16
FCA 网络	99.66±0.27	98.57±0.33
GCSA 网络	**99.31±0.56**	**98.32±0.71**

　　图 8.6 显示了 GCSA 网络获得的分类结果生成的混淆矩阵，其训练比例为 50%。从图中可以看出所有的类别精度都大于 92%，有 10 个类别的精度为 100%，分类识别效果十分稳定。最大误分类别的密集住宅区被错误分类为中密度住宅区的概率为 8%，这是由其建筑物、街道的总体地物特征所导致的，同理导致中密度住宅区和稀疏住宅区的类别出现被误分的现象，但是整体的分类效果体现了 GCSA 网络性能的优越性。

8.3.3　AID 数据集实验结果与分析

　　将 GCSA 网络的分类性能与现有其他方法进行比较，在 AID 数据集上的实验结果如表 8.4 所示。在 50%和 20%的训练比例下，GCSA 网络的分类精度分别为 97.53%和 95.96%，分别比 Inception-v3-CapsNet 高出 1.21%和 2.17%。相比于在 UCM 数据集中效果最优的 FCA 网络，在 AID 数据集上 GCSA 网络的分类效果更好，分别高出 0.37%和 0.23%。由于网络主干都是使用的密集连接网络，说明在 AID 这种大数据集的情况下，全局上下文注意力机制的提升效果比 FCA 网络中的通道注意力机制更优，其最高的分类精度也体现了 GCSA 网络优异的遥感影像场景分类能力。

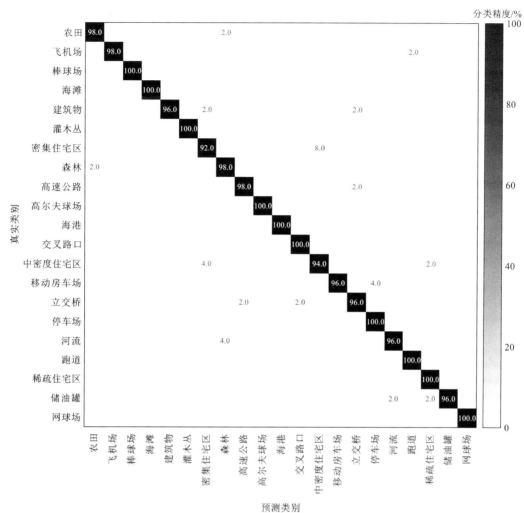

图 8.6　GCSA 网络在 UCM 数据集上的混淆矩阵

表 8.4　GCSA 网络在 AID 数据集上的分类精度评价对比

方法	分类精度/%	
	50%训练比例	20%训练比例
CaffeNet	89.53±0.31	86.86±0.47
GoogleNet	86.39±0.55	83.44±0.40
VGG-16	89.64±0.36	86.59±0.29
salM3LBP-CLM	89.76±0.45	86.92±0.35
TEX-Net-LF	92.96±0.18	90.87±0.11
Fusion by addition	91.87±0.36	—
Two-Stream Fusion	94.58±0.25	92.32±0.41

方法	分类精度/%	
	50%训练比例	20%训练比例
GCFs+LOFs	96.85±0.23	92.48±0.38
VGG-16-CapsNet	94.74±0.17	91.63±0.19
Inception-v3-CapsNet	96.32±0.12	93.79±0.13
FCA 网络	97.16±0.26	95.73±0.22
GCSA 网络	**97.53±0.32**	**95.96±0.38**

GCSA 网络在 20%的训练比例的情况下，获得的 AID 数据集下的混淆矩阵如图 8.7 所示，一共含有 26 个类别的分类精度大于 90%，其余类别的分类精度均超过 83%。在 UCM 数据集上一些较为难识别的类别，包括稀疏住宅区、中等住宅区及密集住宅

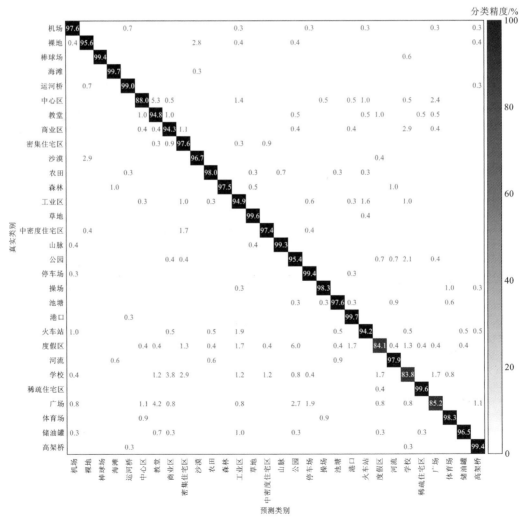

图 8.7　GCSA 网络在 AID 数据集上的混淆矩阵

区，其分类精度分别为 99.6%、97.4% 和 97.6%。学校和中心区的分类准确率相对较低，分别为 83.8% 和 88.0%。其中，学校和商业区，广场和教堂比较容易混淆是因为它们在影像当中都具有相似的建筑排列。同样，度假区容易与公园混淆，是因为它们都具有相当大的植被和房屋覆盖率。尽管如此，与之前的研究分别为 49% 和 60% 的分类准确率相比，GCSA 网络也显示出相当大的进步。说明基于全局上下文注意力机制的场景分类方法能够有效地识别这种具有类间相似性的 AID 遥感场景数据集。

8.3.4 NWPU-RESISC45 数据集实验结果与分析

在最具挑战性的 NWPU-RESISC45 数据集上，表 8.5 将 GCSA 网络的分类结果与先前方法进行了比较。在 20% 和 10% 的训练比例下，GCSA 网络的分类精度分别为 94.95% 和 93.39%，分别比 Inception-v3-CapsNet 高出 2.35% 和 4.36%，说明了 GCSA 网络对大型遥感影像场景分类的有效性。在 Inception-v3-CapsNet 的结果中，20% 训练比例的结果与 10% 训练比例的结果相差 3.57%，而在 GCSA 网络中仅相差 1.56%，也充分表明了 GCSA 网络中对大型数据集强大的学习能力和影像表征能力。

表 8.5　GCSA 网络在 NWPU-RESISC45 数据集上分类精度评价对比　　（单位：%）

方法	分类精度	
	20%训练比例	10%训练比例
GoogleNet	78.48±0.26	76.19±0.38
VGG-16	79.79±0.15	76.47±0.18
AlexNet	79.85±0.13	76.69±0.21
Two-Stream Fusion	83.16±0.18	80.22±0.22
BoCF	84.32±0.17	82.65±0.31
Fine-tuned AlexNet	85.16±0.18	81.22±0.19
Fine-tuned GoogleNet	86.02±0.18	82.57±0.12
Fine-tuned VGG-16	90.36±0.18	87.15±0.45
Triple networks	92.33±0.20	—
VGG-16-CapsNet	89.18±0.14	85.08±0.13
Inception-v3-CapsNet	92.60±0.11	89.03±0.21
FCA 网络	94.58±0.26	92.70±0.32
GCSA 网络	**94.95±0.36**	**93.39±0.39**

在 20% 的训练比例的情况下，GCSA 网络获得的 NWPU-RESISC45 数据集下的混

淆矩阵如图 8.8 所示。宫殿场景的分类精度只有 83%，其中某些样本被误分为教堂，是因为两类场景在建筑物和街道上存在一定相似性。矩形农田也有部分被识别成了梯田，这两类在地表覆被上有相似的特征。但是总体显示一共 40 个类别的分类精度大于 90%，其余类别的分类精度均超过 83%，比 FCA 网络还多 3 个类别的分类精度大于 90%，说明了 GCSA 网络的鲁棒性和分类效果更好。

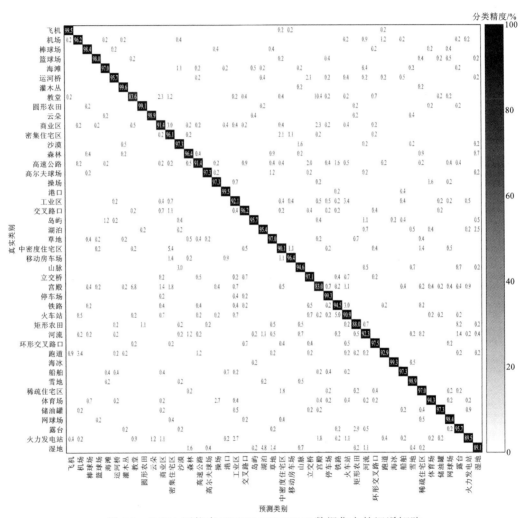

图 8.8　GCSA 网络在 NWPU-RESISC45 数据集上的混淆矩阵

8.4　实　验　讨　论

8.4.1　山区遥感影像场景数据集的预测结果

GCSA 网络在山区遥感影像场景数据集上 70% 和 50% 的训练比例下，分类精度分别为 95.85% 和 94.13%，但是其中山路类别的分类精度为 79.6%，山脉与山路混淆程度较高，有 20.4%的山路被误分为山脉。如图 8.9 所示，通过预测错误的影像可知，错分的山路部分在影像中一般地物分布情况复杂，存在房屋或者梯田等，类间相似性大，难以分辨。

 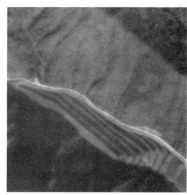

图 8.9　山路场景被误分为山脉场景的部分影像

另外，将数据集进行区域独立性划分的时候，即训练集、验证集和测试集处于非连续地域时，分类精度还会下降，在 70%和 50%的训练比例下，预测的平均精度分别为 93.36%和 91.53%，说明了区域独立性对于山区遥感影像场景分类有一定的影响。

8.4.2　GCSA 网络的消融实验

为了进一步分析 GCSA 网络的各个模块的作用，本小节基于 AID 数据集和 NWPU-RESISC45 数据集对比分析各个模块的作用，包括不带全局上下文注意力机制和不带 Mixup 操作。

表 8.6 显示了 GCSA 网络及其不同部分的分类结果。就平均值而言，带有全部模块的 GCSA 网络的精度比只有不带全局上下文注意力机制（主干网络）提高 1.69%，这表明了 GCSA 网络强大的特征提取能力，特别是在主干网络精度很高的情况下，全局上下文注意力机制等模块依然能提高精度。此外，仅执行 Mixup 操作分类精度的平均值也提高了 0.55%，体现了离散空间样本连续化的作用。

表 8.6　GCSA 网络在 AID 数据集和 NWPU-RESISC45 数据集上的消融实验　（单位：%）

项目	分类精度		
	不带全局上下文注意力机制	不带 Mixup	GCSA 网络
AID（50%）	95.99±0.49	96.88±0.42	97.53±0.32
AID（20%）	94.71±0.32	95.52±0.51	95.96±0.38
NWPU-RESISC45（20%）	93.14±0.28	94.49±0.38	94.95±0.36
NWPU-RESISC45（10%）	91.22±0.41	92.75±0.47	93.39±0.39
平均值	93.77	94.91	95.46

第9章　地貌遥感影像场景智能分类

地貌数据集是实现地貌自动分类和加深对地貌形态学认识的重要支撑数据之一。当前缺乏高精度地貌成因类数据集，制约了地貌遥感影像自动解译的发展。本章在我国东北地区以沟-弧-盆体系为主的天山—兴蒙造山系中，针对强烈的构造运动和新生代以来的火山作用、流水作用形成的地貌成因类型，制作构造地貌、火山熔岩地貌和流水地貌三类场景数据集。数据集覆盖面积约 5 000 km²，包括哨兵 2 号可见光遥感影像、SRTM1 DEM 及基于 DEM 提取的 7 个地貌形态参数（山体晕渲图、坡度、DEM 局部平均中值、标准偏差、坡向-向北方向偏移量、坡向-向东方向偏均量和相对偏离平均值）。单张样本影像为 64×64 像素，空间分辨率为 10 m。采用多模态深度学习神经网络对数据进行训练并分类，平均测试精度可达 83.01%，表明构建的数据集具有较高的质量。该数据集（下载地址：https://pan.baidu.com/s/1Kzj04cU-TiofPk6pTEKENg，提取码：cug0）可为地貌成因遥感自动分类研究，以及推动遥感地貌智能解译的发展，提供数据集支撑。

9.1　地貌遥感影像场景分类概述

地貌是指地表高低起伏的形态特征，是内外地质营力相互作用的结果。开展地貌分类研究对全球或区域气候变化研究，区域地质研究，环境保护与灾害监测，农业、林业、水资源规划，工程建设，国防建设等具有重要意义（Cheng et al.，2011；曹伯勋，1995）。长期以来，地貌制图范式主要基于地形图、航拍照片的目视判读与野外调查相结合，效率低，客观性强，对地貌学专业技能要求高。特别的，在人力不可达或者缺少基础资料的地区难以开展地貌分类与制图工作。随着高分辨率新型遥感数据采集和分析方法的发展，开展地貌自动分类成为地理学研究的重要方向之一。当前，基于遥感技术开展地貌分类研究主要有三类方法。①设定语义分类值法，主要包括设定地形属性阈值、模糊分类属性隶属度等。例如，周成虎等（2009）利用地形起伏度、海拔的属性阈值自动将中国陆地地貌分成 25 个基本类型。此方法目前主要适用于对基本地貌形态的分类，易忽略个别面积较小的精细地貌分类类型（顾文亚 等，2020；王彦文 等，2017）；此外，该类方法主观性强。②基于概率聚类的算法。例如面向对象分割的方法（Drăgut et al.，2006），其结合高程、剖面曲率、高程标准差、坡度等地形因子利用灵活的模糊隶属度函数将地形分为 9 类。该方法能比较精准快速地对基本地貌类型进行划分，但仍需确定地形因子集的选取，包括适宜分割窗口的选取，易受人为主观的影响（仲伟敬 等，2018）。③基于监督的算法。如利用典型的数据标记样本结合机器学习算法进行分类。Bue 等（2006）在对火星地形地貌分类研究中发现支持向量机算法优于传统地貌分类算法。虽然机器学习算法在一定程度上提升了地貌分类的自动化程度，但其属于浅层学习，只能针对当前地貌样本设计，且训练前人工特征提取较为烦琐，泛化能力较差。

近年来，随着计算能力的飞速发展，深度学习技术以其强大的特征提取能力在遥感影像解译领域取得了较大的进展，以深度学习为框架的智能遥感解译成为新的研究范式（张兵，2018；Zhang et al.，2016b）。例如，Huang 等（2018）采用 Deeplab 网络对数字正射影像（digital orthophoto map，DOM）中的热溶地貌进行自动分类。

然而，不管是机器学习还是深度学习范式，在区域尺度上进行地貌制图，均需要大量可信的地形地貌数据集。尽管前人已经将部分专家解译小比例尺的地形地貌数据数字化，形成矢量数据，如中国 1∶400 万数字地貌数据集、中国西部 1∶100 万数字地貌数据集、塔克拉玛干沙漠 1∶150 万风沙地貌图等，但是相对于遥感目标检测、土地利用与土地覆盖遥感影像场景分类等其他可用于深度学习的数据集来说，当前地貌遥感数据集仍是较为缺乏的。部分学者尝试通过形态学上的解译或数字化由专家解译的地貌成因成果制作地形地貌数据集，并进行深度学习自动化分类。从形态学角度上，Li 等（2020）通过影像凹凸表现将黄土地貌圈划分为黄土高原、黄土山丘和黄土梁三类。Shumack 等（2020）对沙丘地貌凸起部位标记沙丘脊线。此类地貌形态在遥感影像上较为直观，多利用地貌数据的遥感影像色差及形态学的区别对数据集进行标记，标记难度较小。相较于地貌形态而言，地貌成因解译多依靠地质资料、专家解译结合现场踏勘得到最终解译成果，这也增加了遥感影像自动解译的难度。Du 等（2019）利用前人的 1∶100 万数字地形地貌分类图制作了中国地貌多成因数据集，分类为风成地貌、干旱地貌、黄土地貌、岩溶地貌、河流地貌和冰碛地貌。数据集包含高程数据及其所提取的山体阴影、坡度、曲率等地貌形态参数。单张样本图为 600×600 像素（30 km×30 km）。总体上，当前地貌成因遥感影像场景数据集极少，粒度较粗，类型不齐全，不能满足国民经济发展与国防建设对大区域尺度乃至全球尺度地貌智能制图的需求。

在上述背景下，本章面向地貌遥感影像自动解译对高分辨率遥感影像数据集的迫切需求，制作高植被覆盖区地貌成因遥感影像场景数据集，为计算机视觉及地貌遥感影像智能解译研究群体提供基础数据支撑，进而提升地貌制图的信息化、智能化程度。主要思路为：采用地质图、遥感影像（图9.1）、DEM 结合现场踏勘，对地貌进行人机交互目视解译，成因分为构造地貌、流水地貌和火山熔岩地貌；数据集囊括可见光遥感影像、DEM 及基于 DEM 提取的 7 个地貌形态参数；最后采用多模态深度学习神经网络对数据集进行评价。相较于前人的工作，本数据集精细尺度更高，数据集多模态属性更强，且每张数据都含空间位置信息。

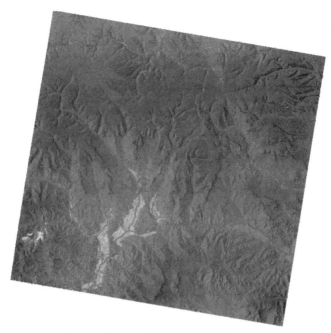

图 9.1 研究区遥感影像

9.2 基于多模态深度学习网络的
地貌遥感影像场景分类

利用多模态深度学习神经网络对制作的数据进行训练。本章在 Du 等（2019）提出的地貌分类网络结构的基础上，修改了部分网络结构和网络参数，主要修改内容为：①将大卷积核改为 3×3 的小卷积核。不同于 Du 等（2019）的 600×600 粗粒度地貌场景，本章为 64×64 像素的细粒地貌场景；此外，目前多数研究表明，有策略地扩大神经网络深度会提升网络精度（Tan et al.，2019）。②去掉多通道特征融合网络的残差单元。残差单元主要用于深层网络，保证网络在深层位置的效果，不会出现退化现象（He et al.，2016），但是本章特征融合网络深度仅 4 个卷积层，深度较浅，本身网络退化现象的可能性小；此外，本章粒度较小且影像有可能存在一定的噪声，在浅层网络的情况下提取的影像特征再加上残差单元可能会导致提取的特征不明显，或者带上原来的噪声的影响，导致地貌网络分类效果不佳。本章具体地貌分类算法框架和参数分别如图 9.2[改自 Du 等（2019）]和表 9.1 所示。

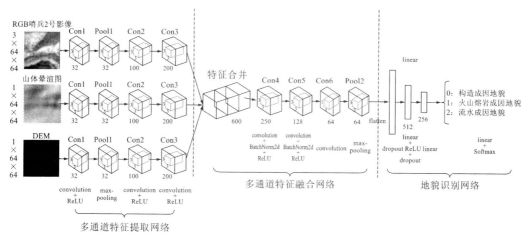

图 9.2　地貌分类算法框架图

表 9.1　网络具体参数表

层名称	层方法	卷积通道参数	卷积核大小/步长	卷积填充参数
Con1	convolution	32	3×3/2	2×2×2
	ReLU	—	—	—
pool1	max-pooling	—	3×3/2	—
Con2	convolution	100	3×3/1	1×1×1
	ReLU	—	—	—
Con3	convolution	200	3×3/2	1×1×1
	ReLU	—	—	—
Con4	convolution	250	3×3/1	1×1×1
	BatchNorm2d	—	—	—
	ReLU	—	—	—
Con5	convolution	128	3×3/1	1×1×1
	BatchNorm2d	—	—	—
	ReLU	—	—	—
Con6	convolution	64	1×1/1	1×1×1
pool2	max-pooling	—	3×3/2	—
linear	flatten	—	—	—
	dropout 0.5	—	—	—
	linear 512	—	—	—
	ReLU	—	—	—
	dropout 0.5	—	—	—
	linear 256	—	—	—
	linear 3	—	—	—
	logSoftmax	—	—	—

首先，输入山体晕渲图、DEM和多光谱影像样本，利用基于相同网络结构的三通道特征提取网络生成DEM的物理特征、山体阴影和影像数据的视觉特征。其次，利用特征融合网络融合物理特征和视觉特征，构建联合表示。最后，使用Softmax分类器输出每个类的得分。训练时利用交叉熵损失函数来衡量模型学习到类间的分布和真实分布的差异。在测试和验证数据集时，利用argmax函数来得到预测的结果。本次数据训练在Windows10系统下，采用PyTorch来实现地貌分类算法。其中数据集分为训练集和验证集、测试集三部分。每个类随机选择40%的样本作为训练集，10%的样本作为验证集，其余50%样本作为测试集。由于存在类间不平衡的问题，采用权重采样的方式，同时采用三种特征成分同时随机旋转0°、90°、180°、270°数据增强的策略，并训练迭代2 000次。

实验中学习率设置为0.000 01。随机取样三次，各次的分类精度如表9.2所示。此外，采用最高验证集精度的模型为最优模型，其测试结果混淆矩阵和分类结果如图9.3和图9.4所示。结果表明，在训练迭代约1 300次后，样本验证集精度达到最高，平均最高验证集精度为82.96%。平均最高测试集精度为83.01%，其平均测试集F1-score为79.93%。从地貌成因解译测试结果图（图9.4）来看，当一张样本场景图中包含多

表9.2　分类精度结果表

训练次数	验证集精度/%	测试集精度/%	测试集F1_socre/%
1	83.75	83.17	80.36
2	82.40	83.02	79.26
3	82.74	82.83	80.18
平均精度	82.96	83.01	79.93

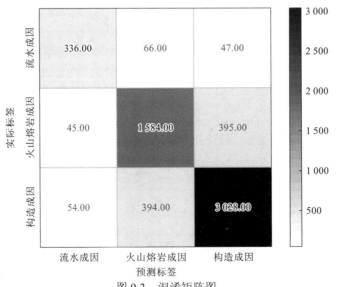

图9.3　混淆矩阵图

测试错误　　　　　测试正确

图 9.4　地貌成因解译测试结果图

个地貌类别时，往往会出现错分，这可能是因为这些样本中不同种类的地貌相互混杂，地貌特征不明显。事实上，对这些复杂的地貌样本，地貌专家也不容易区分地貌类别。此外，结合混淆矩阵和分类结果图来看，首先，错分最多的是将火山熔岩地貌错分成构造地貌，其主要为熔岩丘陵地貌中的堰塞湖地貌错分为构造地貌，可能是熔岩堰塞湖后期流水侵蚀和堆积作用较熔岩台地强，形成的地貌的影像纹理与构造地貌在 640 m×640 m 范围内具有一定的相似性，较难区分。构造地貌错分成火山熔岩地貌，可能是因为构造运动是区域运动，并不是所有在 640 m×640 m 范围内的地块都受到强烈的构造运动改造，并在影像上表达出足够的构造纹理让模型识别。

地貌数据集是实现地貌自动分类和加深对地貌形态学认识的重要数据集之一。然而，目前缺乏高精度地貌成因类数据集，阻碍了地貌遥感自动解译领域的发展。本章基于哨兵 2 号可见光影像和 DEM，结合野外实地调研，构建三大类地貌成因遥感场景数据集。该数据集共 9 个成分，分别为哨兵 2 号可见光影像、DEM 影像及基于 DEM 提取的 7 个地形参数。每种成分中各样本大小为 64×64 像素，空间分辨率为 10 m，勾绘标注有构造地貌、火山熔岩地貌和流水地貌三类成因地貌。基于哨兵 2 号可见光影像、DEM 影像和山体晕渲图，利用多模态深度学习神经网络对该数据集进行了分类验证，测试分类精度可达 83.17%。结果表明，相较于前人工作，构建的地貌成因场景分类数据集精度较高，成分更多，验证了其能够在区域尺度上自动分类不同成因地貌，能够为地貌成因精细自动分类提供数据支撑。

本次研究虽然仅用 50%的样本作为训练和验证样本，所得出的测试样本精度就可达到较高的结果。然而，还可以采取一些改进策略来进一步提升精度。例如：可以尝试采用更高精度的 DEM 数据，以及其他 DEM 特征成分作为输入数据，来验证其他高精度 DEM 数据及特征成分是否能更好地区分不同成因地貌特征；或可尝试更多通道输入，来拓宽输入数据信息覆盖度，提升信息互补程度；或可以尝试加大场景分割尺度，对比是否更大的场景范围下，不同成因的地貌特征区别度更高。特别地，本次研究没有对分类结果进行后处理，如果采用邻域合并等策略对分类结果形成的孤立的场景进行合并的话，将能进一步提升基于场景分类的遥感地貌制图的应用能力。后续将继续针对地貌形态分类制作多类型高分辨率数据集，并开展质量评价和区域分类研究。

第 10 章 矿山开发占地类型遥感影像智能分类

随着矿产资源需求的增加，大量的露天开采活动导致矿山占地问题极其严重，矿区周边土地覆盖方式发生剧烈变化，严重破坏区域生态地质环境。为研究这种高强度人类活动所引发的土地覆盖问题及矿区生态地质环境的快速演化，急需高时空分辨率的精细监测数据作为支撑。因此，开展区域尺度高效的露天矿区土地覆盖精细分类方法研究，对推进绿色矿山建设及谋求矿业可持续发展，具有重要的理论和现实意义。

露天矿区伴随资源开采活动可经历开采初期、开采高速发展期、开采后期 3 个阶段，使得以矿区土地覆盖为核心的地表基质层发生剧烈变化（图 10.1）。开采初期，对地表物质的剥蚀、搬运和堆积等导致大量土地资源被占用；开采高速发展期，地层构造被破坏，形成采场、中转场地、选矿厂、固体废弃物、排土场、废石堆、表土堆、矿山建筑等矿山占地类型，使地表不同程度的正负地形进一步加剧，并且采矿产生的排放物易造成水、土壤、植被污染；在开采后期及闭坑阶段，因生态地质环境累积效应的滞后性等特点，矿区地质环境可能进一步恶化。在整个采矿活动中，这些矿山占地类型与矿区生态修复要素、周边其他土地覆盖类型混杂到一起，形成了如图 10.1 所示的以矿区为核心的复杂地质覆盖区（露天采矿区）。总结起来，露天采矿区遥感影像场景特征可以概括为三个方面：立体地形特征显著、遥感特征变异性强，

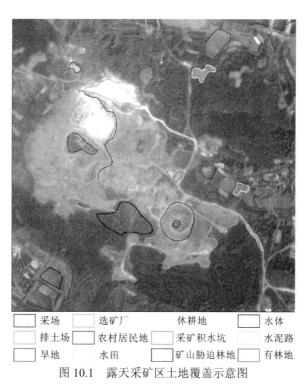

	采场		选矿厂		休耕地		水体
	排土场		农村居民地		采矿积水坑		水泥路
	旱地		水田		矿山胁迫林地		有林地

图 10.1 露天采矿区土地覆盖示意图

以及精细尺度下地表要素光谱-空间-地形特征同质性和异质性并存。这些复杂特征为矿区土地覆盖遥感影像自动解译带来巨大的挑战。

10.1　模　型　构　建

10.1.1　总体技术路线

在深度学习理论的基础上，建立"多模态遥感影像信息挖掘、多尺度特征提取，多输入模型构建、多输出模型构建"的研究框架，基于卷积神经网络和深度置信网络模型，构建差异化的深度学习分类模型。旨在突破当前矿区遥感特征不足、精细尺度下智能解译模型缺乏的技术瓶颈，进而提升矿区复杂地质条件下地物精细分类的精度和智能化程度。

总体流程分为影像预处理模块、特征提取模块、模型构建及分类模块、精度评价及模型评估模块 4 个模块。技术路线如图 10.2 所示。

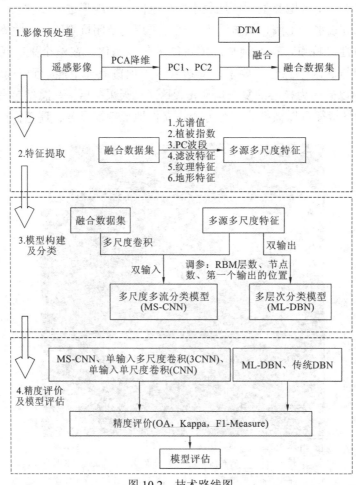

图 10.2　技术路线图

该研究所用影像是资源三号（ZY-3）卫星遥感影像。研究区位于中国湖北省武汉市江夏区，占地面积 109.4 km²。研究区具有典型的矿山开发和农业生产等特点。研究区有一个大型的露天矿区——乌龙泉矿区。在矿山活动的辐射区域内，各种环境污染问题较为突出，主要有废气污染、废水污染和粉尘污染（高越攀，2018），研究区遥感影像如图 10.3 所示。

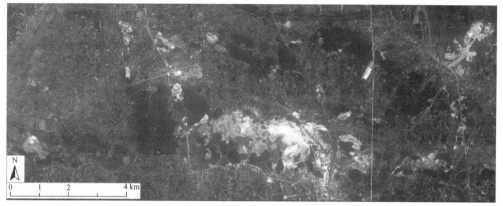

（a）资源三号卫星遥感影像

（b）乌龙泉矿区及周边3D遥感影像（源自Google Earth）

图 10.3　研究区遥感影像

研究区内可以将土地覆盖类型分为 7 个一级大类，分别是道路、水域、耕地、城乡居民建设用地、林地、未利用土地、矿山目标。其中：道路又分白色道路、黑色道路、灰色道路 3 种；水域又分水体和水体矿坑 2 种；耕地又分大棚、灰色旱地、绿色旱地和水田 4 种；城乡居民建设用地又分城乡居民建设用地_红白、城乡居民建设用地_灰白和城乡居民建设用地_蓝 3 种；林地又分黑色林地、红色林地、灰色林地和其他林地 4 种；未利用土地仅为裸地 1 种；矿山目标又分采场、选矿厂和排土场 3 种，共 20 个二级类别，地物类别划分、二级地物简称及地物特征详细描述如表 10.1 所示。

表 10.1　地物类别划分及详细描述

一级地物	二级地物	详细描述
水域	水体矿坑（wm）	在采矿后或采矿过程中形成的湖泊，通常形状不规则
	水体（wt）	河流和矩形的池塘
未利用土地	裸地（lt）	植被较少，裸露的土地
道路	黑色道路（br）	一般是高速公路
	灰色道路（gr）	一般是土路
	白色道路（wr）	一般是水泥道路
矿山目标	采场（cc）	有矿井和螺旋路的矿区
	排土场（ptc）	位于采场附近，在真彩色影像中可能为灰色
	选矿厂（xkc）	具有线性矿物处理设施和高度反光碎石的特点的矿区
耕地	大棚（dp）	呈规则矩形且有白色塑料薄膜的边或表面
	灰色旱地（gh）	灌溉方式主要为降雨或人工抽水，农作物不能覆盖土壤
	绿色旱地（greenh）	灌溉方式主要为降雨或人工抽水，农作物可以覆盖土壤
	水田（st）	水源充足，主要用于种植水稻
林地	黑色林地（bf）	在真彩色影像中目视呈黑色
	灰色林地（gf）	受采矿粉尘影响，在影像中目视呈灰白色
	其他林地（of）	具有较高叶绿素含量的防护林和经济林，在假彩色影像中目视呈暗红色
	红色林地（rf）	通常为较低高度的林木，高度小于 2 m，在假彩色影像中目视呈亮红色
城乡居民建设用地	城乡居民建设用地_蓝（cx_b）	一般为工矿区厂房房顶
	城乡居民建设用地_灰白（cx_gw）	一般为城镇或城市建筑的屋顶
	城乡居民建设用地_红白（cx_rw）	一般为农村房屋屋顶

为了更加直观地展示研究区地物，图 10.4 显示的是研究区二级地物样本真彩色影像。

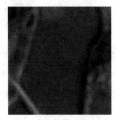
水体

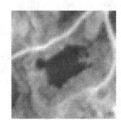
水体矿坑

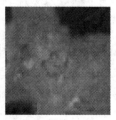
裸地

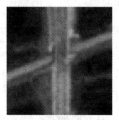
灰色道路

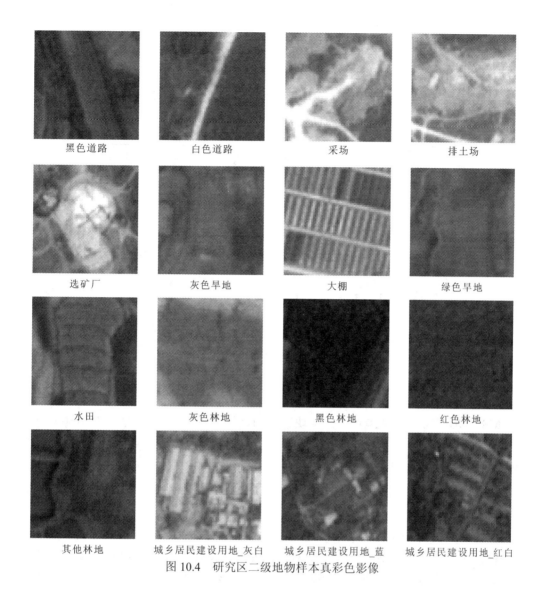

黑色道路	白色道路	采场	排土场
选矿厂	灰色旱地	大棚	绿色旱地
水田	灰色林地	黑色林地	红色林地
其他林地	城乡居民建设用地_灰白	城乡居民建设用地_蓝	城乡居民建设用地_红白

图 10.4 研究区二级地物样本真彩色影像

10.1.2 模型构建过程

1. 影像预处理模块

影像预处理模块主要是为了获取融合影像。首先,在 ENVI 5.0 软件中对资源三号卫星数据的蓝、绿、红、近红外 4 个波段进行主成分分析(principal component analysis,PCA)处理,得到的各个主成分所含信息量。

从图 10.4 中可以发现,前两个主成分的累计方差贡献率已经可达 98.99%,因此,直接保存第一主成分(PC1)和第二主成分(PC2)。

取降维后的 PC1、PC2 与数字地形模型(digital terrain model,DTM)进行融合得到融合光谱和地形特征的 3 波段融合影像。

2. 样本选择和特征提取模块

对研究区内的 20 个二级地物，每个类别分别选择训练集 2 000 个样本点、验证集 500 个样本点、测试集 500 个样本点。训练集、验证集和测试集的样本分布如图 10.5 所示。

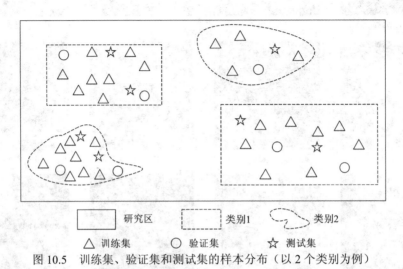

图 10.5　训练集、验证集和测试集的样本分布（以 2 个类别为例）

MS-CNN 需要输入影像块。影像块裁剪的具体做法为：在 ArcGIS 10.0 中打开研究区影像，选中某一地物类别 A，在这 A 类的图斑中生成一些随机点，此时生成的这些随机点都是属于 A 类；然后导出这些随机点在影像中的 x，y 坐标，并将属性表导出，生成 txt 文件；在资源三号的影像上利用 GDAL 库及 txt 文件完成样本点的定位及影像的裁剪。

因为研究区内地物类型繁杂，地物尺寸不一，该研究是研究精细分类，若裁剪的影像块过大，则可能含有大量的其他类型地物，裁剪的影像块噪声太多，样本质量不高，影像精细分类的准确性有限；若裁剪的影像块过小，则影像特征提取不充分，样本不具有代表性。因此，综合考虑决定对每个样本点分别裁剪尺寸为 15×15 的影像块。

特征提取模块主要目的是对各个模型提取分类所需的特征。

对于 MS-CNN 模型来说，模型的输入为 15×15 的影像块及多源浅层手工特征。该模型使用的多源浅层特征主要来自光谱波段特征、植被指数、PC 波段、滤波特征、纹理特征、地形特征 6 个方面。6 个方面的特征一共有 106 维。

对于 ML-DBN 模型来说，模型的输入也是 6 个方面的 106 维特征。

以下对 6 个方面的特征进行详细描述。

（1）光谱波段特征。光谱特征为红、绿、蓝、近红外 4 个波段的光谱值。

（2）植被指数。归一化植被指数（normalized differential vegetation index，NDVI）基于影像中植被在红波段有强吸收，在近红外波段有强反射的原理计算而得（刘杰雄，2017）。NDVI 是遥感领域常用的植被指标（刘杰雄，2017）。NDVI 的取值范围为[-1, 1]，如果 NDVI 的值为负数，则在影像中对应的地物一般为云、水体、雪等；如果 NDVI 的值为 0，则在影像中对应的地物一般为裸土地或岩石等；如果 NDVI 的值为正数，则在影像中对应的地物一般为植被，植被越密集则 NDVI 值越大，说明植物长势越好（高越攀，2018）。

（3）PC 波段。取资源三号卫星遥感影像的 PCA 的第一主成分（PC1）和第二主成分（PC2）。

（4）滤波特征。高斯滤波是一种非常常见的线性平滑滤波，常用来抑制服从正态分布的噪声——高斯噪声（李明杰 等，2015）。高斯低通滤波处理图像可以平滑图像（高越攀，2018）。该研究的高斯低通滤波邻域窗口大小为 3×3、5×5、7×7。

均值滤波是一种常见的线性滤波器，具体操作就是：先设定一个指定大小的窗口，然后将这个窗口区域中的像素去除中心值后再计算平均值，然后将窗口中计算得到的均值设置为锚点上的像素值（朱士虎 等，2013）。该研究的均值滤波邻域窗口大小为 3×3、5×5、7×7。

邻域标准偏差滤波反映了影像灰度局部的对比度变化程度。在标准差比较大的地方，影像灰度的变化就比较大，即出现影像边缘的概率比较大；相反，在标准差比较小的地方，影像灰度变化比较平缓，即出现影像边缘的概率较小。因此，可以借助影像邻域标准差（LSD）将影像中潜在的边缘检测出来（孙小祎 等，2008）。

（5）纹理特征。影像的对比度反应了影像中纹理的清晰度和沟纹的深浅程度。对比度取值越大则代表影像的纹理沟纹越深，纹理反差越大，效果就越清晰；反之，值越小，则代表影像的纹理沟纹越浅，效果越模糊（高绍姝 等，2015）。

相关性反映了影像纹理的一致性。如果影像中存在水平方向纹理，则水平方向共生矩阵的相关性值就大于其余方向的相关性值（侯群群 等，2013）。

灰度共生矩阵（gray level co-occurrence matrix，GLCM）常常被用来描述影像灰度分布的均匀程度和影像纹理的粗细程度。

如果影像的灰度共生矩阵的所有取值都很接近，那么角二阶矩的取值就较小；如果矩阵元素的取值相差较大，那么角二阶矩的取值就较大。当角二阶矩取值较大时，纹理较粗，能量较大；相反，当角二阶矩取值较小时，纹理较细，能量较小（陈美龙 等，2012）。

熵表示了影像中纹理的复杂程度和非均匀程度（陈美龙 等，2012）。

同质性被用来测量影像的局部均匀性，局部非均匀的影像同质性取值较低，局部均匀的影像同质性取值较高。与相异性和对比度相反，同质性的权重随着元素值与对角线的距离而减小，其减小方式是指数形式的（陈英 等，2012）。

该研究提取的纹理特征是基于 ENVI 软件分别在 4 个波段、3 个不同大小的尺寸（3×3、5×5、7×7）上提取的，一共 60 个特征。

（6）地形特征。本章研究涉及的地形特征为 DTM 波段值、坡度和坡向 3 个特征。为 ML-DBN 模型提取的 106 维多尺度特征汇总如表 10.2 所示。

表 10.2　提取的特征

影像特征	特征名称	数量
光谱波段特征	r、g、b、n 波段值	4
植被指数	NDVI	1
PC 波段	PC1、PC2	2
滤波特征	高斯低通滤波×（r，g，b，n）×（3，5，7）	12
	均值滤波×（r，g，b，n）×（3，5，7）	12
	标准偏差滤波×（r，g，b，n）×（3，5，7）	12
纹理特征	Con，Cor，Asm，Ent，Hom×（r，g，b，n）×（3，5，7）	60
地形特征	DTM 波段、坡度、坡向	3

注：红、绿、蓝、近红外波段分别用 r、g、b、n 表示；特征提取尺寸为 3×3、5×5、7×7 用（3，5，7）表示；对比度、相关性、角二阶矩、熵、同质性分别用 Con、Cor、Asm、Ent、Hom 表示

3. 模型构建及分类模块

模型构建及分类模块主要目的是基于所提取的特征构建分类模型并调参。该研究构建的分类模型主要有两个，分别是 MS-CNN 模型和 ML-DBN 模型。

4. 精度评价及模型评估模块

精度评价及模型评估模块主要目的是通过 OA、Kappa、F1-Score 等评价指标衡量三个模型在数据集上的表现优劣，同时对比三个模型的表现，对模型进行综合评估。

1）基于多尺度思想的多流卷积神经网络分类

在高分辨率遥感影像中，地物的细节被充分展示，地物的差异不仅仅表现在光谱上，形状、地形、大小、面积等特征均成为影像解译的重要因素（黄昕 等，2007）。卷积神经网络是端对端的模型，可以直接从影像中提取深度特征，避免人工设计特征（杨志明 等，2019）。卷积神经网络对平移、尺度变换具有一定的鲁棒性，但马国胤等（2017）证明了输入影像尺寸的微小变化仍然会导致卷积神经网络最终识别结果的不同。在复杂地质条件下地物分布的复杂性就在于它是多尺度的统一，地物类型繁杂，影像斑块破碎，地物大小不一，特别是在做精细分类的时候单一尺度无法表达丰富的地物信息。所以，为了增强模型的分类能力，提高模型的鲁棒性，该研究对输入的影像做多流卷积处理，使用三种不同大小的卷积核（3×3、5×5、7×7）进行卷积，提取地物的多尺度特征。较大尺寸的滤波器在进行卷积后可以得到更具全局特性的特征，较小尺寸的滤波器在进行卷积后可以得到局部特性的特征（张文达 等，2016）。

多流的卷积神经网络在一定程度上提取了多尺度的深度特征，但是随之而来的，多尺度的卷积也使得更多的噪声被神经网络提取。此时为了进一步提高神经网络的模

型精度，还需要通过其他特征辅以判断。以此想法为原型，该研究又提取地物的多尺度浅层特征辅助多流卷积神经网络进行分类，得到基于多尺度思想的多流卷积神经网络分类模型。旨在基于地物的多尺度特征通过卷积神经网络得到更高的分类精度。

该模型拟融合浅层手工特征和深度特征，利用多流卷积神经网络提取地物多尺度的深度特征，然后再与浅层手工特征相融合，进而完成分类。为了验证该模型的性能，该研究分别采用不加浅层特征的多流卷积神经网络模型（3CNN）和单流 VGG16（Simonyan et al.，2014）分类模型进行对比实验。

首先，基于预处理后的融合影像对每一个样本点，裁剪尺寸为 15×15 的影像块，将其作为卷积神经网络的一个输入；其次，对输入的 15×15 的影像块分别做 3×3、5×5及 7×7 的多尺度卷积，将其映射到全连接层即可得到多尺度深度特征；最后，在全连接层将多尺度深度特征和多尺度手工特征进行融合分类，模型结构如图 10.6 所示。

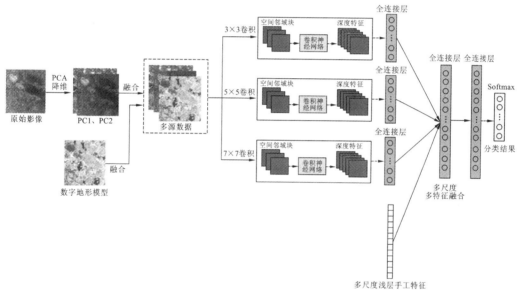

图 10.6　基于多尺度思想的多流卷积神经网络特征级融合分类

2）基于深度置信网络的多尺度特征融合的多层次分类

高分辨率遥感影像含有地物丰富的特征信息，然而，单一的特征往往无法满足实际的分类需求，所以分类时通常需要组合多种特征。罗会兰等（2014）通过大量研究证明：将多种特征组合后再进行分类，分类精度明显高于单一特征。但是，也不是融合的特征越多分类效果就越好，不同特征的侧重点不同（乔贤贤，2019）。深度置信网络可以无监督地训练每一层 RBM，可以在将特征向量映射到不同特征空间时，尽可能多地保留特征信息，克服了 BP 网络因随机初始化权值参数而容易陷入局部最优和训练时间长的缺点。在遥感分类领域已经取得了一些不错的成就。但是，在复杂地质条件下，地物类型繁杂，地物大小不一，影像斑块破碎，地物空间几何特征也各不相同，单纯利用深度置信网络已经不能满足要求。传统的深度置信网络为了得到更高的分类性能，模型往往相对较深，较深的网络在反向传播时又容易诱发梯度消失问题。针对这些问题，结合研究区二级地物划分的实际情况，创新性地引入了多层次分类模型，建立基于深度置信网络的多尺度特征融合的多层次分类模型。

该模型以多源多尺度浅层特征（包括纹理、滤波等）为输入，然后，为网络设置多层次的输出，分别输出地物的一级类别（粗粒度分类）与二级类别（细粒度分类）。为了验证该模型的性能，该研究采用单输出的深度置信网络分类模型进行对比实验。

首先，基于原始影像提取影像多源浅层特征。多源浅层特征主要来自光谱波段特征、植被指数、PC波段、滤波特征、纹理特征、地形特征6个方面。6个方面的特征一共有106维。然后，将这106维特征输入深度置信网络，基于深度置信网络做多层次的分类，第一层（浅层）分类器对地物的一级特征进行分类，输出7个一级类别的预测结果，第二层（深层）分类器对地物的二级特征进行分类，输出20个二级类别的预测结果。模型结构如图10.7所示。

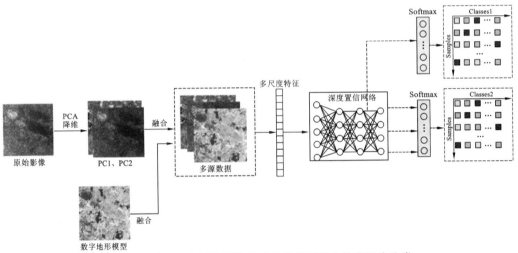

图 10.7　基于深度置信网络的多尺度特征融合的多层次分类

10.2　实验结果与分析

10.2.1　基于多尺度思想的多流卷积神经网络分类

为了验证多流卷积提取多尺度特征对模型分类效果的积极作用，设置不加浅层特征的多流卷积神经网络分类模型（3CNN）和常规单流卷积神经网络（CNN）进行对比实验。

为了验证浅层手工特征对模型分类效果的积极作用，设置MS-CNN与3CNN进行对比实验。

上述三个模型中所涉及的卷积结构皆参考VGG-16模型。VGG卷积神经网络是牛津大学计算机视觉实验室参加2014年ImageNet大规模视觉识别挑战（ImageNet Large Scale Visual Recognition Challenge，ILSVRC）比赛的网络结构（Russakovsky et al.，

2015)，为了解决 ImageNet 中的 1 000 类影像分类和定位问题，其一经提出就在大赛中取得耀眼的成绩。VGG-16 是 13 个卷积层加 3 个全连接层叠加而成的。

该研究各个模型的详细结构为：模型 MS-CNN 中 3 个支流，每一个支流的网络构造都相同，皆为 VGG16 的前面几层（卷积→卷积→池化→卷积→卷积→池化→卷积→卷积→卷积→池化），唯一区别是卷积核的大小不同，3 个支流的卷积核分别为 3×3、5×5、7×7。

模型 3CNN 同样为三流卷积神经网络，且网络卷积模块与 MS-CNN 完全相同，唯一的不同是缺少手工特征模块。

模型 CNN 即为常见的单流 VGG16 网络的前面几层，与前两个模型保持一致（卷积→卷积→池化→卷积→卷积→池化→卷积→卷积→池化），其中卷积核的大小为 3×3。

实验所涉及的其他主要参数有：epoch 为 500，batch-size 为 512，激活函数为 ReLU，优化函数为 SGD。

以 OA、Kappa、F1_Score 为模型的评价指标，三个模型在验证集上的 5 次实验结果如表 10.3 所示。

表 10.3　MS-CNN 及其对比试验精度　　　　　　　（单位：%）

模型	OA	Kappa	F1_Score
CNN	90.20 ± 1.64	89.68 ± 1.75	90.15 ± 1.66
3CNN	92.29 ± 0.84	91.88 ± 0.89	92.20 ± 0.93
MS-CNN	**94.43 ± 0.14**	**94.13 ± 0.15**	**94.38 ± 0.15**

通过对比 3CNN 和 CNN 的分类结果可以发现，多流的卷积神经网络精度明显高于单流的卷积神经网络。就 OA 而言，要高 2.1%左右，而且 3CNN 的标准偏差更小，相对来说模型鲁棒性更强、更加稳健。这也直接证明了在复杂地质条件下，多流卷积神经网络提取的多尺度特征有利于提高分类精度，而且效果较为明显。

通过对比 MS-CNN 和 3CNN 的分类结果可以发现，融入多尺度浅层特征的多流模型精度明显高于多流的卷积神经网络。就 OA 而言，要高出 2%还要多。而且融入多尺度浅层特征的多流模型的标准偏差更小，只有 0.14%，相对来说模型鲁棒性更强、更加稳健。这也直接证明了在复杂地质条件下，融入多尺度浅层特征的多流模型，能很好地提取深度特征的同时有利于提高分类精度。

综上所述，在对复杂地质条件下的地物进行精细分类时，多流的卷积神经网络精度明显高于单流的卷积神经网络，融入多尺度浅层特征的多流模型精度明显高于多流的卷积神经网络。

通过表 10.3 可以看到基于多尺度思想的多流卷积神经网络分类模型（MS-CNN）分类效果在 3 个模型中表现最好。直接将 MS-CNN 模型应用于测试集上。针对每个类别又分别从 recall、precision、F1-Measure 三个角度衡量模型分类应用效果。

MS-CNN 在测试集上进行预测得到的结果：OA 为 93.96%，Kappa 系数为 93.64%，

F1_Score 为 93.91%。以 recall、precision、F1_Measure 为衡量指标，各个二级地物的分类情况如表 10.4 所示。

表 10.4　MS-CNN 在各个地物类别上的分类结果　　　　　　（单位：%）

类别	recall	precision	F1_Measure
bf	91.20	90.84	91.02
br	99.00	98.21	98.61
cc	97.00	95.47	96.23
cx_b	96.60	93.60	95.08
cx_gw	80.80	89.58	84.96
cx_rw	95.20	91.01	93.06
dp	99.80	96.15	97.94
gf	98.40	95.35	96.85
gh	81.60	86.81	84.12
gr	94.60	92.56	93.57
greenh	92.00	92.93	92.46
lt	94.40	95.16	94.78
of	92.60	89.38	90.96
ptc	98.20	98.00	98.10
rf	86.60	91.54	89.00
st	98.00	98.20	98.10
wm	99.60	99.40	99.50
wr	95.00	95.38	95.19
wt	94.40	95.55	94.97
xkc	94.20	93.27	93.73

从表 10.4 中可以看到，模型对地物 wm（水体矿坑）的识别度高，三个指标皆超过 99%。在 cx_gw（城乡居民建设用地_灰白）、gh（灰色旱地）两个地物上，三个指标均低于 90%。这两个地物分类精度较低有很大程度上是被错分至同一一级地物类型下的二级地物。从 20 个类别在 F1_Measure 上的表现来看，有 17 个类别均超过了 90%，只有 cx_gw（城乡居民建设用地_灰白），gh（灰色旱地）和 rf（红色林地）未超过 90%。

10.2.2　基于深度置信网络的多尺度特征融合的多层次分类

对于基于深度置信网络的多尺度特征融合的多层次分类模型首先调节单层次分

类（单输出）的网络结构，然后在单层次最优结构上二次调整寻找最优多层次输出网络结构。

对于深度置信网络而言，影像分类精度的主要参数为 RBM 的层数及每层节点数。为简化寻优过程，假设各个隐含层的节点数目相同。深度置信网络的层数（不含 BP 层）从{1，2，3，4，5，6}中选取，隐含层节点数目从{50，150，350，500，800，1500，2000}中选取，其他的参数设置：激活函数为 Sigmoid，学习率为 0.0001，迭代次数为 800，mini-batch 大小为 512。深度置信网络结构调参结果对比如图 10.8 所示。

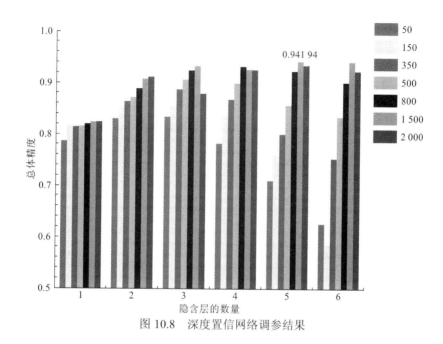

图 10.8　深度置信网络调参结果

由图 10.8 可知，单个输出的深度置信网络最优结构有 5 个 RBM，每层 1500 个节点，在验证集上平均精度可达 94.19%。将模型应用在测试集上得到 OA 为 94.23%，Kappa 系数为 93.93%，F1-Score 为 94.22%

在此结构上以第 4 层作为一级类的输出。第 5 层作为二级类的输出，调整两个输出（损失值）的权重。一级类输出的权重分别从 0.1 到 0.9，二级类的输出权重分别从 0.9 到 0.1，每个组合运行 5 次。调参结果如表 10.5 所示。

表 10.5　基于多尺度思想的多层次分类实验结果

一级类权重	二级类权重	OA/%	Kappa/%	F1-Score/%
0.1	0.9	94.28±0.69	94.07±0.65	94.34±0.62
0.2	0.8	**94.85±0.17**	**94.57±0.16**	**94.82±0.15**
0.3	0.7	94.69±0.08	94.38±0.07	94.63±0.07
0.4	0.6	94.71±0.16	94.38±0.15	94.63±0.14

一级类权重	二级类权重	OA/%	Kappa/%	F1-Score/%
0.5	0.5	94.27±0.24	93.98±0.22	94.25±0.22
0.6	0.4	93.96±0.38	93.52±0.35	93.82±0.34
0.7	0.3	93.39±0.39	93.15±0.37	93.46±0.35
0.8	0.2	93.28±0.42	92.76±0.39	93.09±0.37
0.9	0.1	86.02±5.83	86.57±5.49	86.38±6.1

目前基于深度置信网络的 5 层 1 500 节点网络结构，第 4 层作为一级类输出。占比 0.2，第 5 层作为二级类输出，占比 0.8，可以得到的精度为 94.85%±0.17%。最后对一级类输出的位置进行调参，分别尝试将第 2 层、第 3 层、第 4 层设为一级类输出，其中一级类输出、二级类输出占比仍为 0.2、0.8，调参结果如表 10.6 所示。

表 10.6 多层次深度置信网络结构调参结果 （单位：%）

一级输出位置	OA	Kappa	F1-Score
第 2 层	93.98±0.67	93.26±0.77	93.96±0.67
第 3 层	**95.14±0.21**	**94.88±0.22**	**95.11±0.21**
第 4 层	94.85±0.17	94.57±0.16	94.82±0.15

基于最优模型结构（5 层，每层 1 500 个节点，一级类输出在第 3 层）在测试集上得到的结果具体：OA 为 95.14%，Kappa 系数为 94.88%，F1_Score 为 95.11%。以 recall、precision、F1_Measure 为衡量指标，各个二级类的分类情况如表 10.7 所示。

表 10.7 ML-DBN 在各个地物类别上的分类结果 （单位：%）

类别	recall	precision	F1_Measure
bf	92.40	93.52	92.96
br	99.40	95.39	97.36
cc	95.80	95.80	95.80
cx_b	98.40	98.80	98.60
cx_gw	84.00	91.50	87.59
cx_rw	94.80	92.58	93.68
dp	99.00	98.21	98.61
gf	97.20	95.67	96.43

类别	recall	precision	F1_Measure
gh	89.00	92.90	90.91
gr	92.00	94.07	93.02
greenh	95.40	93.53	94.46
lt	95.80	95.23	95.51
of	94.60	95.17	94.88
ptc	98.40	96.85	97.62
rf	90.00	91.84	90.91
st	99.40	96.88	98.12
wm	99.60	99.40	99.50
wr	97.80	91.74	94.68
wt	94.00	97.92	95.92
xkc	95.00	94.81	94.91

由表 10.7 可知：对于 F1-Measure 来说，总体上，相对于 MS-CNN 的表现，ML-DBN 的表现要更优。ML-DBN 模型只有 cx_gw（城乡居民建设用地_灰白）没有达到 90%，可能是在光谱和地物空间结构上都有与之很相似的地物，导致错分的样本有很大程度上被错分至同一一级地物类型下的二级地物。而其他的 19 个地物类比精度均达到 90% 以上，其中，在 wm（水体矿坑）上表现最好，已达 99%。

10.3 实 验 讨 论

10.3.1 与可变形卷积神经网络的比较分析

本书提出的 MS-CNN 和 ML-DBN 在测试集上都取得了较好的效果。为了进一步证明算法的性能，引入可变形卷积神经网络（deformable convolutional neural networks，DCNN）与该研究的模型进行横向对比。

传统的卷积神经网络本身具有丰富的特征表达能力和学习能力，但本质上，其模块中几何变换能力是固定的（苏军雄 等，2018），难以适应不同地物的几何特征，导致传统的卷积神经网络在复杂地质条件下进行精细分类时模型表现能力受限。在计算机视觉领域，微软亚洲研究院视觉计算组于 2017 年首次在卷积神经网络中引入了学习空间几何形变的能力，并在语义分割和目标识别领域取得了巨大成功。

该研究在将 VGG16 中的卷积替换为可变形卷积，经过训练后在测试集上的 OA 为 95.02%，Kappa 系数为 94.76%，F1-Score 为 95.00%。

三个模型在测试集上的分类效果对比如表 10.8 所示。

表 10.8　模型测试集上表现结果对比　　　　　　　　　　　（单位：%）

模型	OA	Kappa	F1-Score
MS-CNN	93.96	93.64	93.91
ML-DBN	**95.10**	**94.84**	**95.07**
DCNN	95.02	94.76	95.00

由表 10.8 可知，MS-CNN 的 OA、Kappa 和 F1-Score 都是三个模型最低的。其中，F1-Score 只有 93.91%，而且与在验证集上的 5 次平均结果（94.38%）有一定差距，这表明模型偏差相对较大，泛化性能较为一般。F1-Score 最高的为 ML-DBN，分类精度可达 95.07%，且与在验证集上的 5 次平均结果（95.11%）相差不大，模型泛化性能较好。虽然 MS-CNN 分类效果在三个模型中最差，但是，MS-CNN 在验证集上的精度 94.43%高于单纯的 DBN 在验证集上的分类精度 94.19%，也为多源多尺度特征的提取提供了思路，也有一定的积极意义。

10.3.2　最优模型的全研究区制图及分析

以最优模型 ML-DBN 对整个研究区进行预测，得到的预测结果如图 10.9 所示。

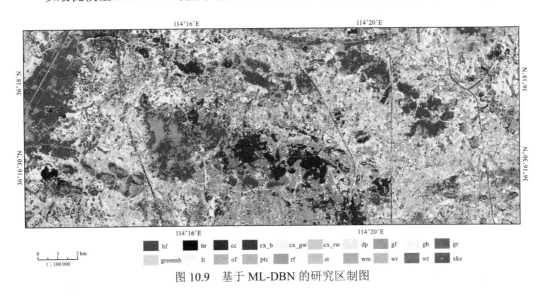

图 10.9　基于 ML-DBN 的研究区制图

在图 10.9 的预测结果中可以看到，宏观上地物整体轮廓已经较好地区分出来，但是地物边界划分还是存在瑕疵。林地、水体、耕地和矿区的整体识别效果相对较好。对于道路整体上可以区分，但是有不少道路被错分为建设用地。全图预测效果变差的原因主要有两个。

（1）在选取训练集、验证集和测试集时，样本是随机选取的，样本间并不是独立的，可能导致样本代表性不强。

（2）训练集、验证集和测试集的样本分布与全区数据的样本分布不同。在对数据集进行训练时，多源多尺度特征被归一化处理，每个类别的样本数目是相同的，此时的数据是一个分布。当对整个研究区进行预测时，整个研究区的数据中每个类别的数目是不相同的，甚至差别很大，此时的数据又服从另一个分布，这时的归一化就会存在偏差。

尽管本章在多尺度特征提取和多输入、多输出模型构建方面取得了一定的成绩，但是在神经网络参数优化上仍存在一些不足之处。以深度置信网络为例，深度置信网络模型的参数有 RBM 的层数、隐含层节点数、激活函数、迭代次数、学习率等。分类效果的优劣很大程度上取决于层数与节点数。更多的节点数或者更深的网络结构可以提取更为抽象的深层特征，能够提高分类器的性能，但是过大的网络结构（层数或节点数量多）将导致训练时间变长、训练效率降低，还有可能导致模型泛化性能变弱，诱发严重的过拟合现象。常见的调参方案是调节网络的层数与节点数，而且为了简化寻优过程，通常会假设各个隐含层的节点数目相同，但是实际上每一层的节点数目是可以设置成不同的，每层节点的数目设置成递增、递减、先增后减、先减后增、相同时到底哪种方法更优目前还没有一个定论，仍是一个开放性的问题，有待进一步研究。

在后续研究中，将加强以下几个方面的研究。

（1）推出矿区地质环境遥感数据集。现阶段许多深度学习算法在遥感领域的应用都是基于传统的土地覆盖数据集。这样的开源数据集地物类型少、样本类内差距小、类间差距大易于区分，而对于复杂地质条件下的真实遥感影像的土地覆盖分类相关研究极少。

在实际应用中遥感影像的质量会受到云、大气、光照等因素影响，而且很多地区的地表覆盖情况较为复杂，现阶段开源的数据集类内差距小，样本缺乏多样性，过于理想化，易于分类，Zhu（2018）在 UCM 数据集上已经可以达到 99.76%的精度，这严重限制了新方法的产生。复杂地质条件下的遥感影像数据集是检验现阶段分类算法有效性的试金石，将促进算法理论与实际应用的深度结合，为效果更优的算法的产生创造条件。

（2）选取的样本集数据分布与全区数据集分布存在差异。在全研究区预测结果中可以看到影像中有些细节还是不能很好地识别。这是由所选样本集与数据真实的分布不同所导致的。在对数据集进行训练时，每个类别的样本数目是相同的，此时的数据是一个分布。当对整个研究区进行预测时，整个研究区的数据中每个类别的数目是不相同的，甚至差别很大，此时的数据又服从另一个分布。这就导致了预先训练好的模型用在全图预测时会因数据分布不同而导致分类结果存在偏差。这个问题仍是一个开放性的问题，期待后续研究能对其做出突破。

参 考 文 献

边小勇, 费雄君, 穆楠, 2019. 基于尺度注意力网络的遥感图像场景分类. 计算机应, 40(3): 872-877.

曹伯勋, 1995. 地貌学及第四纪地质学. 武汉: 中国地质大学出版社.

陈美龙, 戴声奎, 2012. 基于 GLCM 算法的图像纹理特征分析. 通信技术, 45(2): 108-111.

陈英, 杨丰玉, 符祥, 2012. 基于支持向量机和灰度共生矩阵的纹理图像分割方法. 传感器与微系统
(9): 65-68.

陈志明, 1988. 区域地貌的某些分类问题及其制图的分析方法. 河南大学学报(自然科学版)(1): 37-42.

程刚, 王春恒, 2011. 基于结构和纹理特征融合的场景图像分类. 计算机工程, 37(5): 227-229.

高绍姝, 王延江, 金伟其, 等, 2015. 基于感知对比度的图像清晰度客观评价模型. 光学技术, 41(5):
396-399.

高越攀, 2018. 基于支持向量机的露天采矿区土地覆盖精细尺度遥感分类. 武汉: 中国地质大学(武
汉).

龚希, 吴亮, 谢忠, 等, 2019. 融合全局和局部深度特征的高分辨率遥感影像场景分类方法. 光学学
报, 39(3): 11-21.

顾文亚, 孟祥瑞, 朱晓晨, 等, 2020. 基于 BEMD 分解的地貌分类研究. 地球信息科学学报, 22(3):
464-473.

侯群群, 王飞, 严丽, 2013. 基于灰度共生矩阵的彩色遥感图像纹理特征提取. 国土资源遥感(4):
31-37.

胡凡, 2017. 基于特征学习的高分辨率遥感图像场景分类研究. 武汉: 武汉大学.

黄昕, 张良培, 李平湘, 2007. 基于多尺度特征融合和支持向量机的高分辨率遥感影像分类. 遥感学
报(1): 50-56.

李明杰, 刘小飞, 2015. 高斯滤波在水下声呐图像去噪中的应用. 黑龙江科技信息(19): 29.

刘杰雄, 2017. 冬小麦植被指数(NDVI)变化规律及其与土壤水分相关性研究. 杨凌: 西北农林科技
大学.

刘学军, 龚健雅, 周启鸣, 等, 2004. 基于DEM坡度坡向算法精度的分析研究. 测绘学报(3): 258-263.

刘艳飞, 2019. 面向高分辨率遥感影像场景分类的深度卷积神经网络方法. 武汉: 武汉大学.

罗会兰, 郭敏杰, 孔繁胜, 2014. 集成多特征与稀疏编码的图像分类方法. 模式识别与人工智能(4):
345-355.

马国胤, 谈树成, 赵志芳, 2017. 基于高分辨率遥感影像的矿山遥感监测解译标志研究. 云南地理环
境研究, 29(5): 59-68.

乔贤贤, 2019. 基于多特征融合与深度置信网络的遥感影像分类研究. 开封: 河南大学.

苏军雄, 见雪婷, 刘玮, 等, 2018. 基于可变形卷积神经网络的手势识别方法. 计算机与现代化(4):
62-67.

孙小炜, 李言俊, 陈义, 2008. 局部标准差滤波在图像处理中的应用. 电光与控制(9): 35-37.

王彦文, 秦承志, 2017. 地貌形态类型的自动分类方法综述. 地理与地理信息科学, 33(4): 16-21.

杨志明, 李亚伟, 杨冰, 等, 2019. 融合宫颈细胞领域特征的多流卷积神经网络分类算法. 计算机辅助设计与图形学学报, 31(4): 21-30.

张兵, 2018. 遥感大数据时代与智能信息提取. 武汉大学学报(信息科学版), 43(12): 1861-1871.

张海凤, 2019. 中朝俄跨境区域 LULCC 对植被覆盖度的影响. 延吉: 延边大学.

张文达, 许悦雷, 倪嘉成, 等, 2016. 基于多尺度分块卷积神经网络的图像目标识别算法. 计算机应用, 36(4): 1033-1038.

仲伟敬, 邢立新, 潘军, 等, 2018. 基于 DEM 数据的地貌类型快速划分系统研究. 吉林大学学报(信息科学版), 36(5): 388-396.

周成虎, 程维明, 钱金凯, 等, 2009. 中国陆地 1∶100 万数字地貌分类体系研究. 地球信息科学学报, 11(6): 707-724 .

朱祺琪, 2018. 面向高分辨率遥感影像场景语义理解的概率主题模型研究. 武汉: 武汉大学.

朱士虎, 游春霞, 2013. 一种改进的均值滤波算法. 计算机应用与软件(12): 103-105, 122.

ANDERS N S, SEIJMONSBERGEN A C, BOUTEN W, 2011. Segmentation optimization and stratified object-based analysis for semi-automated geomorphological mapping. Remote Sensing of Environment, 115(12): 2976-2985.

APTOULA E, 2013. Remote sensing image retrieval with global morphological texture descriptors. IEEE Transactions on Geoscience and Remote Sensing, 52(5): 3023-3034.

BI Q, QIN K, ZHANG H, et al., 2019. APDC-Net: Attention pooling-based convolutional network for aerial scene classification. IEEE Geoscience and Remote Sensing Letters, 17(9): 1603-1607.

BLEI D M, NG A Y, JORDAN M I, 2003. Latent dirichlet allocation. The Journal of Machine Learning Research(3): 993-1022.

BUE B D, STEPINSKI T F, 2006. Machine detection of martian impact craters from digital topography data. IEEE Transactions on Geoscience and Remote Sensing, 45(1): 265-274.

CAO Y, XU J, LIN S, et al., 2019. Gcnet: Non-local networks meet squeeze-excitation networks and beyond//Proceedings of the IEEE Conference on Computer Vision and Pattern Recognition, arXiv: 1904.11492.

CHAIB S, LIU H, GU Y, et al., 2017. Deep feature fusion for VHR remote sensing scene classification. IEEE Transactions on Geoscience and Remote Sensing, 55(8): 4775-4784.

CHEN S, TIAN Y, 2014. Pyramid of spatial relatons for scene-level land use classification. IEEE Transactions on Geoscience & Remote Sensing, 53(4): 1947-1957.

CHEN S, WANG H, XU F, et al., 2016. Target classification using the deep convolutional networks for SAR images. IEEE Transactions on Geoscience and Remote Sensing, 54(8): 4806-4817.

CHEN W, LI X, HE H, et al., 2018. Assessing different feature sets' effects on land cover classification in complex surface-mined landscapes by ZiYuan-3 satellite imagery. Remote Sensing, 10(1): 23.

CHENG G, HAN J, LU X, 2017. Remote sensing image scene classification: Benchmark and state of the art. Proceedings of the IEEE, 105(10): 1865-1883.

CHENG G, YANG C, YAO X, et al., 2018. When deep learning meets metric learning: Remote sensing image scene classification via learning discriminative CNNs. IEEE Transactions on Geoscience and Remote Sensing, 56(5): 2811-2821.

CHENG W M, ZHOU C H, LI B Y, et al., 2011. Structure and contents of layered classification system of digital geomorphology for China. Journal of Geographical Sciences, 21(5):771-90.

CHERIYADAT A M, 2013. Unsupervised feature learning for aerial scene classification. IEEE Transactions on Geoscience and Remote Sensing, 52(1): 439-451.

DRĂGUT L, BLASCHKE T, 2006. Automated classification of landform elements using object-based image analysis. Geomorphology, 81(3-4): 330-344.

DU L, YOU X, LI K, et al., 2019. Multi-modal deep learning for landform recognition. ISPRS Journal of Photogrammetry and Remote Sensing, 158: 63-75.

EUROPEAN SPACE AGENCY, 2015. Sentinel-2_User_Handbook[2020-12-12]. https://sentinel. esa. int/documents/247904/68521/Sentinel-2_User_Handbook.

FAN J, CHEN T, LU S, 2017. Unsupervised feature learning for land-use scene recognition. IEEE Transactions on Geoscience and Remote Sensing, 55(4): 2250-2261.

GAO H, YU S, ZHUANG L, et al., 2016. Deep networks with stochastic depth// European Conference on Computer Vision ECCV 2016. New York: Springer: 646-661.

GLOROT X, BORDES A, BENGIO Y, 2011. Deep sparse rectifier neural networks. Journal of Machine Learning Research, 15: 315-323.

GOLDBERGER J, HINTON G E, ROWEIS S, et al., 2004. Neighbourhood components analysis. Advances in Neural Information Processing Systems, 17: 513-520.

GONG Z, ZHONG P, YU Y, et al., 2017. Diversity-promoting deep structural metric learning for remote sensing scene classification. IEEE Transactions on Geoscience and Remote Sensing, 56(1): 371-390.

GUAN W, ZOU Y, ZHOU X, et al., 2018. Multi-scale object detection with feature fusion and region objectness network// IEEE International Conference on Acoustics, Speech and Signal Processing (ICASSP): 2596-2600.

HE K, ZHANG X, REN S, et al., 2016. Deep residual learning for image recognition//Proceedings of the IEEE Computer Society Conference on Computer Vision and Pattern Recognition: 770-778.

HINTON G E, SALAKHUTDINOV R R, 2006a. Reducing the dimensionality of data with neural networks. Science, 313(5786): 504-507.

HINTON G E, OSINDERO S, TEH Y W, 2006b. A fast learning algorithm for deep belief nets. Neural Computation, 18(7): 1527-1554.

HORN B K P, 1981. Hill shading and the reflectance map. Proceedings of the IEEE, 69(1): 14-47.

HU F, XIA G S, HU J, et al., 2015a. Transferring deep convolutional neural networks for the scene classification of high-resolution remote sensing imagery. Remote Sensing, 7(11): 14680-14707.

HU J, XIA G S, HU F, et al., 2015b. A comparative study of sampling analysis in scene classification of high-resolution remote sensing imagery//International Geoscience and Remote Sensing Symposium (IGARSS): 2389-2392.

HU J, SHEN L, SUN G, 2018a. Squeeze-and-excitation networks//Proceedings of the IEEE Conference on Computer Vision and Pattern Recognition: 7132-7141.

HU Y, WEN G, LUO M, et al., 2018b. Competitive inner-imaging squeeze and excitation for residual network. Proceedings of the IEEE Conference on Computer Vision and Pattern Recognition, arXiv: 1807.08920.

HUANG G, CHEN D, LI T, et al., 2017a. Multi-scale dense networks for resource efficient image classification. International Conference on Machine Learning, arXiv:1703. 09844.

HUANG G, LIU Z, VAN DER MAATEN L, et al., 2017b. Densely connected convolutional networks// Conference on Computer Vision and Pattern Recognition, CVPR: 2261-2269.

HUANG L C, LIU L, JIANG L M, et al., 2018. Automatic mapping of thermokarst landforms from remote sensing images using deep learning: A case study in the Northeastern Tibetan Plateau. Remote Sensing, 10(12): 2067.

JASIEWICZ J, STEPINSKI T F, 2013. Geomorphons: A pattern recognition approach to classification and mapping of landforms. Geomorphology, 182(15): 147-156.

KANG J, FERNANDEZ-BELTRAN R, YE Z, et al., 2020. Deep metric learning based on scalable neighborhood components for remote sensing scene characterization. IEEE Transactions on Geoscience and Remote Sensing, 58(12): 8905-8918.

KAYA M, BILGE H Ş, 2019. Deep metric learning: A survey. Symmetry, 11(9): 1066.

KRAMER O, 2011. Dimensionality reduction by unsupervised k-nearest neighbor regression//10th International Conference on Machine Learning and Applications and Workshops, 1: 275-278.

KRIZHEVSKY A, SUTSKEVER I, HINTON G E, 2012. Imagenet classification with deep convolutional neural networks. Advances in Neural Information Processing Systems, 25: 1097-1105.

KRIZHEVSKY A, SUTSKEVER I, HINTON G E, 2017. ImageNet classification with deep convolutional neural networks//Communications of the ACM, 60(6): 84-90.

LECOURS V, DEVILLERS R, SIMMS A E, et al., 2017. Towards a framework for terrain attribute selection in environmental studies. Environmental Modelling & Software, 89: 19-30.

LECUN Y, BENGIO Y, HINTON G, 2015. Deep learning. Nature, 521(7553): 436-444.

LECUN Y, BOTTOU L, BENGIO Y, et al., 1998. Gradient-based learning applied to document recognition. Proceedings of the IEEE, 86(11): 2278-2323.

LEI R, ZHANG C, DU S, et al., 2021. A non-local capsule neural network for hyperspectral remote sensing image classification. Remote Sensing Letters, 12(1): 77-86.

LI E, XIA J, DU P, et al., 2017. Integrating multilayer features of convolutional neural networks for remote sensing scene classification. IEEE Transactions on Geoscience and Remote Sensing, 55(10): 5653-5665.

LI F Y, TANG G A, WANG C, et al., 2016. Slope spectrum variation in a simulated loess watershed. Frontiers of Earth Science, 10(2): 328-339.

LI S J, XIONG L Y, TANG G A, et al., 2020. Deep learning-based approach for landform classification from integrated data sources of digital elevation model and imagery. Geomorphology, 354: 107045.

LIN D A, XIONG Y A, KE L A, et al., 2019. Multi-modal deep learning for landform recognition. ISPRS Journal of Photogrammetry and Remote Sensing, 158: 63-75.

LIU Y, ZHONG Y, QIN Q, et al., 2018. Scene classification based on multiscale convolutional neural network. IEEE Transactions on Geoscience and Remote Sensing, 56(12): 7109-7121.

LU R, GIJSENIJ A, GEVERS T, et al., 2009. Color constancy using stage classification// IEEE International Conference on Image Processing(ICIP) : 685-688.

LUO W, LI H, LIU G, et al., 2013. Semantic annotation of satellite images using author–genre–topic model. IEEE Transactions on Geoscience and Remote Sensing, 52(2): 1356-1368.

MARTHA T R, KERLE N, VAN WESTEN C J, et al., 2011. Segment optimization and data-driven thresholding for knowledge-based landslide detection by object-based image analysis. IEEE Transactions on Geoscience and Remote Sensing, 49(12): 4928-4943.

MISHRA N B, CREWS K A, 2014. Mapping vegetation morphology types in a dry savanna ecosystem. Integrating hierarchical object-based image analysis with Random Forest. International Journal of Remote Sensing, 35(3): 1175-1198.

MÜLLER R, KORNBLITH S, HINTON G, 2019. When does label smoothing help? International Conference on Machine Learning, arXiv: 1906.02629.

NOGUEIRA K, PENATTI O A, DOS SANTOS J A, 2017. Towards better exploiting convolutional neural networks for remote sensing scene classification. Pattern Recognition, 61: 539-556.

OLIVA A, TORRALBA A, 2001. Modeling the shape of the scene: A holistic representation of the spatial envelope. International Journal of Computer Vision, 42(3): 145-175.

PENATTI O A, NOGUEIRA K, DOS SANTOS J A, 2015. Do deep features generalize from everyday objects to remote sensing and aerial scenes domains? Proceedings of the IEEE Conference on Computer Vision and Pattern Recognition: 44-51.

PHINN S R, ROELFSEMA C M, MUMBY P J, 2012. Multi-scale, object-based image analysis for mapping geomorphic and ecological zones on coral reefs. International Journal of Remote Sensing, 33(12): 3768-3797.

RUSSAKOVSKY O, DENG J, SU H, et al., 2015. ImageNet large scale visual recognition challenge. International Journal of Computer Vision, 115(3): 211-252.

SHUMACK S, HESSE P, FAREBROTHER W, 2020. Deep learning for dune pattern mapping with the AW3D30 global surface model. Earth Surface Processes and Landforms, 45(11): 2417-2431.

SIMONYAN K, ZISSERMAN A, 2014. Very deep convolutional networks for large-scale image recognition. Computer Science: 1-14.

SRIVASTAVA R K, GREFF K, SCHMIDHUBER J, 2015. Training very deep networks//Advances in Neural Information Processing Systems: 2377-2385.

SUN K, XIAO B, LIU D, et al., 2019. Deep high-resolution representation learning for human pose estimation//Proceedings of the IEEE Conference on Computer Vision and Pattern Recognition: 5693-5703.

TAN M X, LE Q, 2019. Efficientnet: Rethinking model scaling for convolutional neural networks. International Conference on Machine Learning, arXiv: 1905.11946.

TONG W, CHEN W, HAN W, et al., 2020. Channel-attention-based densenet network for remote sensing image scene classification. IEEE Journal of Selected Topics in Applied Earth Observations and Remote Sensing, 13: 4121-4132.

VĂDUVA C, GAVĂT I, DATCU M, 2012. Latent Dirichlet allocation for spatial analysis of satellite images. IEEE Transactions on Geoscience and Remote sensing, 51(5): 2770-2786.

VAN DE SANDE K, GEVERS T, et al., 2009. Evaluating color descriptors for object and scene recognition. IEEE Transactions on Pattern Analysis and Machine Intelligence, 32(9): 1582-1596.

WANG H, HU Q, WU C, et al., 2020. Non-locally up-down convolutional attention network for remote sensing image super-resolution. IEEE Access, 8: 166304-166319.

WANG X, GIRSHICK R, GUPTA A, et al., 2018. Non-local neural networks//Proceedings of the IEEE Conference on Computer Vision and Pattern Recognition: 7794-7803.

WU Z, EFROS A A, YU S X, 2018. Improving generalization via scalable neighborhood component analysis// Proceedings of the European Conference on Computer Vision (ECCV): 685-701.

XIA G S, HU J, HU F, et al., 2017. AID: A benchmark data set for performance evaluation of aerial scene classification. IEEE Transactions on Geoscience and Remote Sensing, 55(7): 3965-3981.

XU K, YANG W, LIU G, et al., 2012. Unsupervised satellite image classification using Markov field topic model. IEEE Geoscience and Remote Sensing Letters, 10(1): 130-134.

XU S, MU X, ZHAO P, et al., 2016. Scene classification of remote sensing image based on multi-scale feature and deep neural network. Acta Geodaetica et Cartographica Sinica, 45(7): 834-840.

YANG Y, NEWSAM S, 2010. Bag-of-visual-words and spatial extensions for land-use classification// GIS: Proceedings of the ACM International Symposium on Advances in Geographic Information Systems: 270-279.

YANG Z, MU X, ZHAO F, 2018. Scene classification of remote sensing image based on deep network and multi-scale features fusion. Optik, 171: 287-293.

ZHANG F, DU B, ZHANG L, et al., 2016a. Weakly supervised learning based on coupled convolutional neural networks for aircraft detection. IEEE Transactions on Geoscience and Remote Sensing, 54(9): 5553-5563.

ZHANG L, ZHANG L, DU B, 2016b. Deep learning for remote sensing data: A technical tutorial on the state of the art. IEEE Geoscience and Remote Sensing Magazine, 4(2): 22-40.

ZHANG H, CISSE M, DAUPHIN Y N, et al., 2017. Mixup: Beyond empirical risk minimization. International Conference on Machine Learning, arxiv:1710. 09412.

ZHANG K, GUO Y, WANG X, et al., 2019. Multiple feature reweight DenseNet for image classification. IEEE Access, 7: 9872-9880.

ZHANG M, CHENG Q, LUO F, et al., 2021. A triplet non-local neural network with dual-anchor triplet loss for high resolution remote sensing image Retrieval. IEEE Journal of Selected Topics in Applied Earth Observations and Remote Sensing, 99: 1.

ZHAO B, ZHONG Y, ZHANG L, 2016. A spectral–structural bag-of-features scene classifier for very high spatial resolution remote sensing imagery. ISPRS Journal of Photogrammetry and Remote Sensing, 116: 73-85.

ZHAO L, TANG P, HUO L, 2014. A 2-D wavelet decomposition-based bag-of-visual-words model for land-use scene classification. International Journal of Remote Sensing, 35(6): 2296-2310.

ZHONG Y, CUI M, ZHU Q, et al., 2015a. Scene classification based on multifeature probabilistic latent semantic analysis for high spatial resolution remote sensing images. Journal of Applied Remote Sensing, 9(1): 095064.

ZHONG Y, ZHU Q, ZHANG L, 2015b. Scene classification based on the multifeature fusion probabilistic topic model for high spatial resolution remote sensing imagery. IEEE Transactions on Geoscience and Remote Sensing, 53(11): 6207-6222.

ZHONG Y, FEI F, ZHANG L, 2016. Large patch convolutional neural networks for the scene classification of high spatial resolution imagery. Journal of Applied Remote Sensing, 10(2): 025006.

ZHOU C H, CHEN W M, QIAN J K, et al., 2009. Research on the classification system of digital land geomorphology of 1: 1 000 000 in China. Journal of Geo-Information Science, 11(6): 707-724.

ZHU Q, ZHONG Y, ZHAO B, et al., 2016. Bag-of-visual-words scene classifier with local and global features for high spatial resolution remote sensing imagery. IEEE Geoscience and Remote Sensing Letters, 13(6): 747-751.

ZHU Q, ZHONG Y, 2018a. A deep-local-global feature fusion framework for high spatial resolution imagery scene classification. Remote Sensing, 10(4): 568.

ZHU Q, ZHONG Y, WU S, et al., 2018b. Scene classification based on the sparse homogeneous-heterogeneous topic feature model. IEEE Transactions on Geoscience and Remote Sensing, 56(5): 2689-2703.

ZHU X, HU H, LIN S, et al., 2019. Deformable convnets v2: More deformable, better results// Proceedings of the IEEE Conference on Computer Vision and Pattern Recognition, arXiv: 1811.11168.